长江航运发展评价指标体系研究

STUDY ON EVALUATION INDEX SYSTEM OF CHANGJIANG RIVER SHIPPING

徐培红　彭书华　主　编
刘　涛　董鸿瑜　欧阳帆　副主编

人民交通出版社股份有限公司
China Communications Press Co.,Ltd.

内 容 提 要

本书系统介绍了长江航运要素的发展概况，深入分析了长江航运发展的阶段性特征及在区域经济社会发展中的地位与作用，梳理了交通运输及长江航运发展指标体系的研究现状。在此基础上，探索建立了长江航运发展的综合性评价指标体系，开展了长江干线货物通过量预测、长江航运市场集中度测算、长江与“世界一流”内河航运对标三个方面的应用研究与实证分析，是长江航运发展评价方面较为系统的基础性、创新性研究成果。

本书可作为交通运输特别是长江航运研究人员的重要参考，也可为长江航运管理部门决策提供有益支撑。

图书在版编目（CIP）数据

长江航运发展评价指标体系研究 / 徐培红，彭书华主编. -- 北京 : 人民交通出版社股份有限公司, 2017.9

ISBN 978-7-114-14100-3

I. ①长… II. ①徐… ②彭… III. ①长江－航运－评价指标－研究 IV. ①F552.75

中国版本图书馆 CIP 数据核字（2017）第 204141 号

书　　名：**长江航运发展评价指标体系研究**
著 作 者：徐培红　彭书华
责任编辑：陈力维
出版发行：人民交通出版社股份有限公司
地　　址：（100011）北京市朝阳区安定门外外馆斜街3号
网　　址：http://www.ccpress.com.cn
销售电话：（010）59757973
总 经 销：人民交通出版社股份有限公司发行部
经　　销：各地新华书店
印　　刷：北京凯鑫彩色印刷有限公司
开　　本：787×1092　1/16
印　　张：9.75
字　　数：209千
版　　次：2017年9月　第1版
印　　次：2017年9月　第1次印刷
书　　号：ISBN 978-7-114-14100-3
定　　价：48.00元

前 言

长江横贯东西、沟通南北，是我国唯一横贯东中西部的水路运输主通道，具有得天独厚的区位优势和比较优势。在我国经济版图中，长江经济带是重要一极，沿江七省二市加上流域的贵州、浙江两省，国土面积208.3万平方公里，占到全国的22%，人口和国民生产总值均占到全国的40%以上。

长江航运具有运量大、占地少、能耗小、污染轻、成本低、效益高的比较优势，已经成为沿江经济社会发展的重要依托。长江水系干支流通航里程达6.5万多公里，占全国内河通航总里程的51%，在我国“两横一纵两网十八线”的高等级航道布局规划中占有“一横一纵一网十线”，拥有上海、武汉、重庆三大航运中心，长江干线通航里程2838公里，占全国三级以上（高等级）航道的30.6%。在沿江各种运输方式中，长江航运的货运量居于首位，长江水系完成的水运货运量和货物周转量占沿江全社会货运量的20%和货物周转量的60%，在中长距离运输中优势明显。目前，长江航运行业从业人员超过200万人，带动间接就业逾千万人。据有关研究机构测算，2014年长江航运直接GDP贡献约为0.2万亿元，间接拉动GDP约为4.3万亿元。2016年，长江干线的货运量达到23.1亿吨，自2005年以来一直居于世界首位。

目前长江已成为世界运量最大、通航最繁忙的河流，长江航运较好地发挥了在国家战略中的主通道作用、在沿江综合立体交通走廊建设中的主骨架作用、在沿江产业布局中的主支撑作用、在多式联运的主枢纽作用、在生态文明建设中的主基调作用，长江航运实现了由原来交通运输的“瓶颈制约”到与国民经济社会发展的总体需求“基本适应”的重大跃升。长江航运虽然取得了辉煌的成就，但目前仍存在以下主要问题：一是长江航道通过能力仍然不足，虽然长江航道维护标准已经得到大幅提升，但沿江经济社会迅猛发展对长江干线通过能力提出了新的更高的要求，还存在上游“梗阻”、中游“瓶颈”、下游“卡脖子”、支流“不畅”等问题；二是水上安全发展基础薄弱，主要表现在部分港航企业安全生产主体责任落实不到位，船舶安全技术状况较差，船员素质不高、队伍不稳定，液货危险品船、渡口渡船监管难度大，长江水上安全监管装备需进一步加强，长江航运应急救助能力不强等；三是三峡枢纽通航能力不足，目前三峡船闸年过闸运量超过设计能力的30%，通过能力已经饱和，随着过闸运量的持续增长，船舶待闸时间将更加延长，过闸船舶积压待闸成为常态并逐年加剧，由此带来船舶运输周期增加、运输成本上升、运输效率降低问题；四是行业发展的质量和效益不高，行业集中度不高，规模化、集约化、专业化程度不够，企业粗放型发展、同质化竞争现象仍然比较严重,普货运力过剩、运力结构不合理,整体竞争能力不强,总体经济效益不佳。

我国正处于全面建成小康社会的决胜阶段,长江航运面临着全新的发展环境,中国经济进入新常态,长江经济带建设加快推进,综合立体交通走廊加速构建,这些新的形势给长江航运的发展带来了新机遇与新要求,同时也要求对长江航运发展所处的阶段和程度有更深刻、更清醒的认识。因此,探索研究科学测度长江航运发展水平的方法,科学评判长江航运所处的发展阶段,通过相关研究成果为行业管理部门决策提供参考,同时也为社会公众了解长江航运提供窗口渠道,显得相当有必要,而这也正是本书编撰的主要目的。

本书前四章为基础理论与指标体系框架篇。第 1 章主要从航道、港口、船舶等传统航运要素方面,简述了长江航运的发展概况,并分析了长江航运发展的阶段性特征。这些特征主要体现在:开发保护并举期、战略机遇叠加期、改革发展攻坚期、治理效益释放期和共建共享深化期五个方面。第 2 章着重从基础理论方面,对交通运输发展指标体系、长江航运发展相关指标体系的研究情况进行了综述,以使读者对交通运输行业,特别是长江航运行业相关评价指标体系的研究进展有比较深入、透彻的了解与认识。第 3 章、第 4 章为长江航运发展指标体系的构建分析,明确本书建立的长江航运发展的两套综合性评价指标体系,即长江航运经济技术指标体系和长江航运现代化指标体系。

本书后三章为应用与实证分析篇。针对构建的指标体系,从长江干线货物通过量预测、长江航运市场集中度测算、长江与“世界一流”内河航运对标三个方面进行了实证分析。

目　录

第1章

长江航运发展状况和发展特征

1.1 长江航运发展概况

长江是中国东西向交通的大动脉，自古就是舟楫往来的交通要道，享有"黄金水道"的盛誉。长江干流全长6300多公里，水量充沛，水运条件优越。

1.1.1 航道

长江水系通航河流主要集中在云南以下的长江流域地区，若从长江经济带行政区划来看，包括云南、贵州、四川、重庆、湖南、湖北、江西、安徽、江苏、浙江、上海九省两市。截至2015年底，长江经济带11省市内河航道通航里程90844.7公里（表1-1），等级以上航道4.37万公里，其中高等级航道1.42万公里（Ⅲ级及以上航道占53.5%）。其中，长江水系64852公里，占全国内河航道通航里程（12.7万公里）的51.1%。支流航道等级得到较大提升，等级以上航道里程4.09万公里。

2015年长江经济带11省市内河航道通航里程构成（单位：公里） 表1-1

省（市）	总计	长江干流			支流水系							等外航道
		Ⅰ级	Ⅱ级	Ⅲ级	Ⅰ级	Ⅱ级	Ⅲ级	Ⅳ级	Ⅴ级	Ⅵ级	Ⅶ级	
合计	90844.7	1140.1	1283.5	384.1	68.0	651.6	4058.8	6594.3	4845.5	12837.3	11811.1	47140.5
云南省	4082.5			30.0			14.0	1319.6	230.6	838.9	889.6	759.7
贵州省	3664.0							690.0	168.2	1043.3	500.5	1262.1
四川省	10722.4			224.3			74.8	1022.0	535.1	415.6	1577.9	6872.9
重庆市	4303.2		515.0	159.8			212.0	109.0	199.7	126.2	450.2	2531.3
湖南省	11887.3		80.4				539.0	375.0	395.0	1524.2	1221.0	7752.7
湖北省	8433.2	229.5	688.1				729.9	408.3	939.3	1780.5	1206.9	2450.7
江西省	5637.9	78.0				175.0	283.5	87.0	166.6	399.1	1159.8	3288.9
安徽省	5728.6	342.8					499.6	585.8	546.9	2461.4	707.0	585.1

续上表

省(市)	总计	长江干流			支流水系							等外航道
		Ⅰ级	Ⅱ级	Ⅲ级	Ⅰ级	Ⅱ级	Ⅲ级	Ⅳ级	Ⅴ级	Ⅵ级	Ⅶ级	
江苏省	24371.3	369.9				464.6	1346.3	695.8	1075.4	2257.0	2497.6	15664.8
上海市	2245.0	119.9			53.6		120.7	116.1	101.8	410.0	127.9	1195.0
浙江省	9769.3				14.4	12.0	239.1	1185.6	486.8	1581.2	1472.8	4777.4

注:长江干流统计范围为云南水富至长江口,上海市包括黄浦江。

2000年以来,特别是经过"十一五""十二五"的建设,干线航道基本实现了以航道建设为主,向航道建设、维护、管理、科研并重的成功转型。按照"深下游、畅中游、延上游、通支流"的发展思路,"深下游"稳步推进,12.5米深水航道初通南京;"畅中游"取得重大进展,荆江河段治理进展顺利,荆江航道整治工程完工并进入试运行,多处重点碍航浅滩航道条件明显改善;"延上游"效果明显,重庆至宜宾航道提前提升为Ⅲ级航道;"通支流"取得重点突破,干支衔接明显增强,有效改善了长江水系"一纵一网十线"主要支流航道及干线重点支汉航道的通航条件,区域航道网络化程度得到提升。目前,长江干线航道初步得到了系统整治,航道条件大幅改善,干线航道水富至长江口长2838公里,除水富—宜宾段30公里为Ⅴ级航道外,其他河段航道等级均在Ⅲ级以上,《长江干线航道总体规划纲要》确定的2020年规划建设目标提前5年基本实现。2015年长江干线航道维护尺度见表1-2。

长江干线航道最小维护尺度表(2015年)　表1-2

河段	里程(km)	最小维护标准尺度(水深×航宽×弯曲半径)(m)	保证率(%)
水富—宜宾	30.0	1.8×50×320	95
宜宾—重庆	384.0	2.9×50×560	98
重庆—涪陵	112.4	3.5×100×800	98
涪陵—宜昌中水门	544.1	4.5×150×1000	98
其中:葛洲坝三江航道	—	4.0×120×1000	98
宜昌中水门—下临江坪	14.5	4.5×100×750	95
下临江坪—大埠街	99	3.5×100×750	95
大埠街—城陵矶	286	3.5×100×750	95
城陵矶—武汉长江大桥	227.5	3.7×150×1000	98
武汉长江大桥—安庆吉阳矶	376.7	4.5×200×1050	98
安庆吉阳矶—芜湖高安圩	194	6.0×200×1050	98
芜湖高安圩—芜湖长江大桥	37	6.0×500×1050	98
芜湖长江大桥—南京	101	9.0×500×1050	98
南京—江阴	183.1	10.5×500×1050	98
江阴—南通	49.5	10.5×500×1050(江阴以下为理论最低潮面下)	98
南通—太仓	79	12.5×500×1500	98
太仓—长江口	143.0	12.5×500×1050	—

目前，10 万吨级及以上海轮可乘潮减载抵达南通，5 万吨级海轮可全天候双向直达南通港，长江南京以下 12.5 米深水航道二期工程初通期的每年 4 ～ 11 月可直达南京。3 万吨海船可直达南京，洪水期可驶抵芜湖港。洪水期万吨级海轮可直抵安庆港。安庆—武汉航段可通航 5000 ～ 10000 吨级海船。武汉—宜昌段可通航由 1000 ～ 5000 吨级内河船舶组成的船队。宜昌—重庆段可通航 3000 吨级船舶。重庆—宜宾段可通航 1000 吨级船舶。宜宾—水富段可通行 300 ～ 500 吨级船舶。安庆钱江嘴—武汉段、武汉长江大桥—城陵矶河段，海轮航道采用海轮推荐航线的方式，5000 吨级海船可直达武汉，3000 吨级直达城陵矶。长江中游武汉长江大桥—城陵矶段海轮航道开放期为 5 月 1 日～ 9 月 30 日，安庆（钱江嘴）—武汉段海轮航道开放期为 4 月 1 日～ 11 月 15 日。

1.1.2 港口

长江水系拥有港口（站点）1000 多个，其中国家主要港口 22 个、地区重要港口 50 个，基本形成了以主要港口为骨干、地区重要港口为基础、其他港口为补充，层次分明的港口系统，以重庆、武汉和南京为区域中心的港口群快速发展，以集装箱、石化、煤炭、矿石和通用件杂货等大宗货物运输为主体的运输系统逐步完善。截至 2015 年底，长江经济带 11 省市内河港口拥有生产用码头泊位 21350 个，占全国内河港口的 84.2%。散货、件杂货物年综合通过能力 32.66 亿吨，集装箱年综合通过能力 2491.6 万 TEU，见表 1-3。

长江经济带 11 省市内河港口生产用码头泊位和能力基本情况表（2015 年）　　表 1-3

省(市)	全社会生产用码头泊位		综合通过能力				
	泊位（个）	码头总延米（米）	散货、件杂货物(万吨)	集装箱（万 TEU）	旅客（万人）	重载滚装车辆数(万辆)	商品汽车（万辆）
合计	21350	1243470	326514.8	2491.6	26139.3	218	274
云南省	192	9060	457.0		1549.0		
贵州省	423	25010	2245.6		3129.3		
四川省	2144	79717	8424.2	233.0	6367.0		
重庆市	812	69984	12360.0	400.0	5829.0	73	79
湖北省	1950	159976	31730.0	433.0	3460.0	145	48
湖南省	1855	83172	16940.0	82.5	2505.0		10
江西省	1765	69802	16147.0	60.0	770.0		
安徽省	1212	83908	49736.0	119.1	910.0		74
江苏省	5585	368594	130566.0	1092.0	608.0		63
浙江省	3385	165155	36111.0	72.0	994.0		
上海市	2027	129092	21798.0		18.0		

长江干线基本形成了以上海国际航运中心为龙头，以武汉长江中游航运中心、重庆长江上游航运中心、南京区域性航运物流中心为核心，以国家主要港口为骨干、地区重要港口为

基础、辐射全水系的总体格局，形成了比较齐备的集装箱、铁矿石、煤炭等江海转运体系和汽车滚装、液化品等专业化运输体系。截至 2015 年底，长江干线港区共拥有生产性泊位 3866 个，散货、件杂货物年综合通过能力 17.98 亿吨，集装箱 2169.56 万 TEU（表 1-4）。其中，万吨级以上的码头泊位 411 个。

长江干线港口生产用码头泊位和能力基本情况表(2015 年)　　表 1-4

省(市)	生产用码头泊位		综合通过能力				
	码头泊位数（个）	码头总延长（米）	散货、件杂货（万吨）	集装箱（万 TEU）	旅客（万人）	重载滚装车辆（万辆）	商品滚装车辆（万辆）
总计	3866	406035	179779.9	2169.56	10679	187	272
云南省	17	900	234		60		
四川省	132	11305	2535.3	150	381		
重庆市	634	60161	10723	400	5829	73	79
湖北省	1168	109806	25237	433	2969	114	48
湖南省	85	7291	3395	33	419		8
江西省	163	16803	7908	35	320		
安徽省	521	45135	33625.6	63.56	701		74
江苏省	1146	154634	96132	1055			63

1.1.3 船舶与运力

改革开放以来，长江干线船舶货运方式不断发生变化，进入 21 世纪以后，货运船舶结构变化更加显著，主要体现在：自航船数量快速增长，机动船运力占总运力规模的 90% 以上，原来主导长江干线货物运输的推（拖）驳船队运力急剧减少，目前长江干线仅长航集团还保留少量推（拖）船队运输。新的经济增长点逐步出现，集装箱运输快速发展，商品汽车滚装、库区载货汽车滚装运输逐步壮大，载货汽车甩挂运输等正在试点，以豪华游轮为主的旅游客运快速发展，三峡库区客运滚装游轮开始试运营。截至 2015 年末，长江经济带 11 省市拥有水上运输船舶 11.93 万艘，占全国水上运输船舶的 71.9%；净载重量 16805.05 万吨，载客量 53.12 万客位，集装箱箱位 183.73 万 TEU，船舶功率 4836.53 万千瓦。其中，机动船 10.95 万艘，驳船 9739 艘。详见表 1-5。按航行区域分，内河运输船舶 11.29 万艘，载客量 49.17 万客位，净载重量 9551.63 万吨；沿海运输船舶 5877 艘，载客量 3.92 万客位，净载重量 4280.3 万吨；远洋运输船舶 518 艘，净载重量 2973.12 万吨。

长江经济带 11 省市水上运输船舶拥有量(2015 年)　　表 1-5

省(市)	船舶数（艘数）	其　中		载客量（客位）	净载重量（吨位）	标准箱位（TEU）	总功率（千瓦）
		机动船（艘）	驳船（艘）				
合计	119252	109513	9739	531237	168050438	1837283	48365295
云南省	1035	1033	2	22617	129387	0	106809
贵州省	2017	2010	7	50312	131833	0	154540

续上表

省(市)	船舶数(艘数)	其中		载客量(客位)	净载重量(吨位)	标准箱位(TEU)	总功率(千瓦)
		机动船(艘)	驳船(艘)				
四川省	7489	6435	1054	80760	1186399	5453	539369
重庆市	3566	3512	54	70396	6249744	72587	1624122
湖北省	4357	4155	202	42647	7710626	20869	1913117
湖南省	7140	7104	36	67964	4040074	4408	1462726
江西省	3508	3499	9	10697	2380456	2545	721532
安徽省	28800	27475	1325	14909	42137741	59682	10016586
江苏省	43261	36339	6922	45158	43799352	59738	10413713
浙江省	16316	16241	75	81257	23654116	20716	6352236
上海市	1763	1710	53	44520	36630710	1591285	15060545

注:统计范围为从事水上客、货运输活动的我国企业或私人拥有的营业性运输船舶,统计对象为按船舶所有权在本省市注册的船舶。

近年来,运力结构调整成效明显,规模经济促使了船舶向大型化发展,运输船舶总体规模有所减少,但船舶净载重量大幅增加,平均吨位不断提高。图 1-1 是长江经济带 11 省市水上运输船舶拥有量变化情况。“十二五”期间,长江经济带 11 省市运输船舶数减少 13.5%,净载重量增长 47.6%。2015 年,货运船舶平均净载重量达到 1645 吨 / 艘(图 1-2),内河货运船舶平均净载重量达到 994 吨 / 艘,分别比“十二五”初增长 77.1% 和 104.2%。长江干线货船平均吨位由 2005 年的 450 吨提高到 2015 年的 1380 吨,通过三峡船闸货船平均吨位达到 4020 吨 / 艘,省际液货危险品运输船舶平均吨位 945 吨 / 艘。如重庆市重点发展 4000 ~ 5000 吨级的散货船、300TEU 以上的集装箱船、500 车位以上的商品汽车滚装船和 3000 吨以上的油品及化危品船舶,全市船舶平均吨位由 2010 年 1400 吨 / 艘增加到 2015 年 2600 吨 / 艘,集装箱船平均箱位达到 300TEU/ 艘,重载滚装船平均 58 车位 / 艘,商滚船平均 654 车位 / 艘,化危品船平均吨位 3900 吨 / 艘。

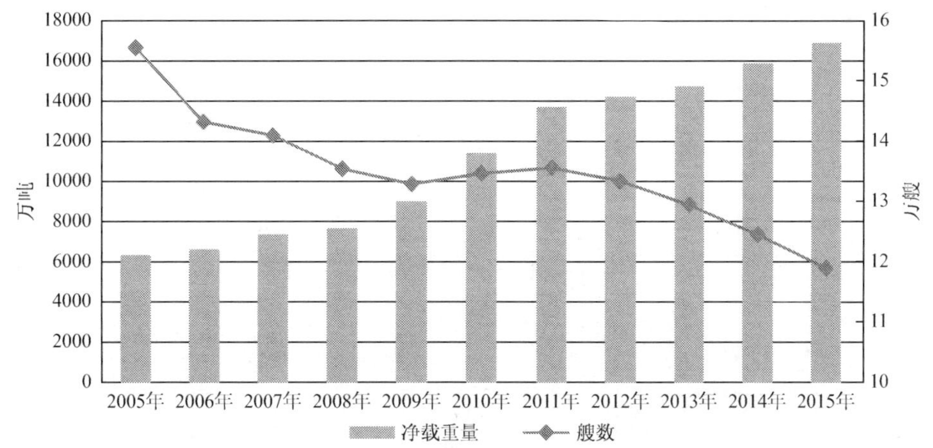

图 1-1　长江经济带 11 省市水上运输船舶拥有量变化情况

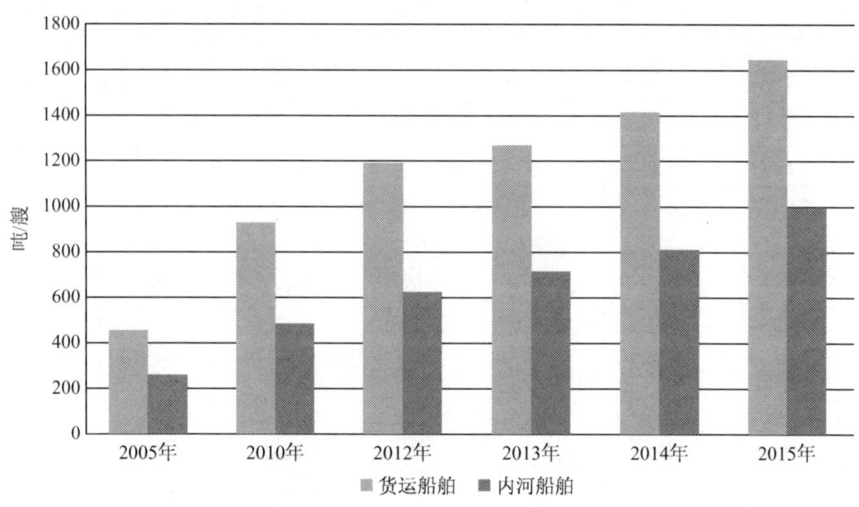

图 1-2 长江经济带 11 省市货运船舶平均吨位

1.1.4 运输

1）客货运量

（1）客运量。随着铁路、公路、航空等交通基础设施的快速扩张和人民生活水平的不断提高，人们的出行方式发生了根本性的变化，中长途水路旅客运输逐步退出市场，水运主要是以旅游观光为目的的短途客流及湖区、库区等陆上交通不便地区的短途出行客流为主。长江水系水路旅客运输自 1993 年起持续下滑，到 2004 年后才逐步恢复平稳。目前，中上游省市以山区、湖区、库区等短途客流和乡镇渡口客渡为主，下游地区以沿海短途客运为主，长江干线客运主要集中在三峡库区，库区旅游水上客运成为发展的亮点。2015 年，长江经济带 11 省市完成水路客运量 1.58 亿人（图 1-3）、旅客周转量 33.18 亿人公里，分别占全国水路客运量和旅客周转量的 58.5% 和 45.4%。其中，11 省市内河运输完成客运量 1.26 亿人、旅客周转量 26.92 亿人公里。

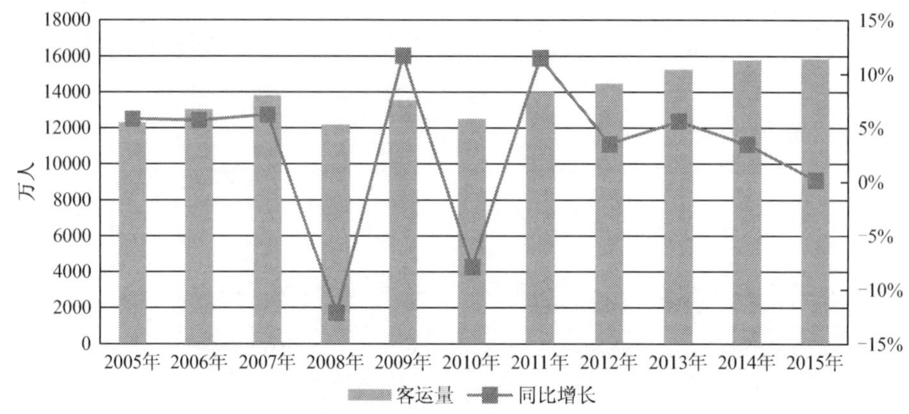

图 1-3 2005—2015 年长江经济带 11 省市水路客运量及同比增速

上游地区（云南、贵州、四川、重庆）完成客运量 6656.0 万人、旅客周转量 16.7 亿人公里，分别比上年下降 2.5% 和 7.0%，分别占水路旅客运输总量的 42.0% 和 50.4%；中游地区（湖北、湖南、江西）完成客运量 2381.7 万人、旅客周转量 6.7 亿人公里，分别增长 4.5% 和 9.7%，分别占总量的 15.0% 和 20.3%；下游地区（安徽、江苏、浙江、上海）完成客运量 6803.3 万人、旅客周转量 9.7 亿人公里，分别增长 1.7% 和下降 2.5%，分别占总量的 43.0% 和 29.3%，参见表 1-6。

2015 年长江经济带 11 省市水路旅客运输量　　表 1-6

省（市）	客运量（万人）				旅客周转量（万人公里）			
	合计	内河	沿海	远洋	合计	内河	沿海	远洋
总计	15841.0	12568.0	3265.0	8.0	331833.8	269223.6	55777.7	6832.4
云南省	1157.0	1157.0	0	0	24975.0	24975.0	0	0
贵州省	2019.0	2019.0	0	0	55188.0	55188.0	0	0
四川省	2748.0	2748.0	0	0	26263.6	26263.6	0	0
重庆市	732.0	732.0	0	0	60759.7	60759.7	0	0
湖南省	1533.9	1533.9	0	0	30686.6	30686.6	0	0
湖北省	574.5	574.5	0	0	33215.4	33215.4	0	0
江西省	273.3	273.3	0	0	3466.0	3466.0	0	0
安徽省	185.0	185.0	0	0	3843.0	3843.0	0	0
江苏省	2392.1	2380.3	4.5	7.3	27025.0	21186.0	94.0	5745.0
上海市	385.7	0	385.0	0.7	8052.1	0	6964.6	1087.4
浙江省	3840.5	964.9	2875.6	0	58359.4	9640.3	48719.1	0

（2）货运量。长江水路运输中，起支柱作用的货种主要是煤炭、石油、金属矿石和矿建材料，近年来这四大类占总运量的比重在 60% 左右，但总体上呈下降趋势。在持续增长的国内外贸易带动下，适箱货源比重不断上升，带动了集装箱运输量的快速增长，集装箱运输已成为长江航运最主要的增长点之一。2015 年，长江经济带 11 省市完成水路货运量 40.56 亿吨（图 1-4）、货物周转量 43532.0 亿吨公里，分别占全国水路货运量和货物周转量的 66.1%

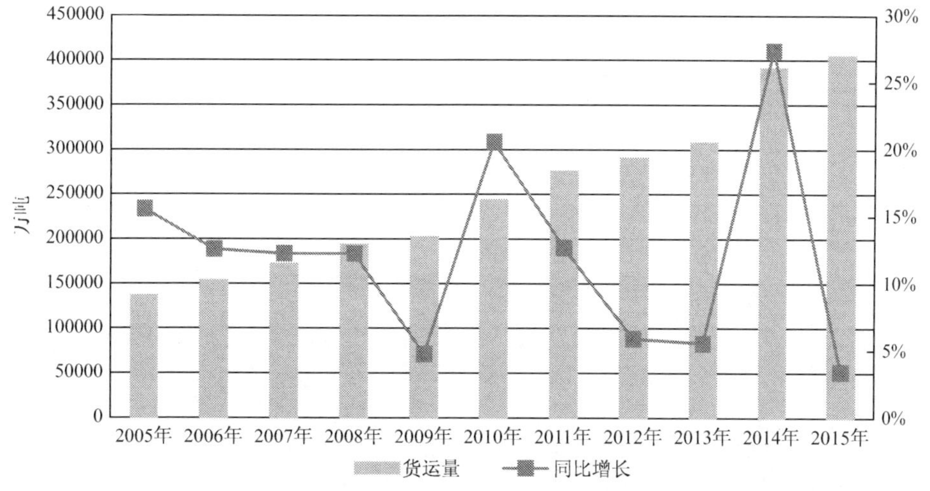

图 1-4　2005—2015 年长江经济带 11 省市水路货运量及同比增速

和 47.4%。按航行区域分，内河运输完成货运量 27.11 亿吨、货物周转量 11282.3 亿吨公里，沿海运输完成货运量 10.73 亿吨、货物周转量 12588.0 亿吨公里，远洋运输完成货运量 2.72 亿吨、货物周转量 19661.9 亿吨公里。

上游地区（云南、贵州、四川、重庆）完成货运量 2.58 亿吨、货物周转量 1934.9 亿吨公里，同比增长 5.7% 和 5.7%，分别占水路货物运输总量的 6.4% 和 4.4%；中游地区（湖北、湖南、江西）完成货运量 7.00 亿吨、货物周转量 3431.3 亿吨公里，同比增长 8.3% 和 6.0%，分别占总量的 17.3% 和 7.9%；下游地区（安徽、江苏、浙江、上海）完成货运量 30.99 亿吨、货物周转量 38165.8 亿吨公里，同比增长 2.2% 和下降 3.6%，分别占总量的 76.4% 和 87.7%，参见表 1-7。

2015 年长江经济带 11 省市水路货物运输量 表 1-7

省(市)	货运量(万吨)				货物周转量(亿吨公里)			
	合计	内河	沿海	远洋	合计	内河	沿海	远洋
总计	405631.7	271085.7	107289.3	27256.8	43532.0	11282.0	12588.0	19661.9
云南省	602.0	602.0	0	0	14.1	14.1	0	0
贵州省	1473.0	1473.0	0	0	37.2	37.2	0	0
四川省	8688.3	8688.3	0	0	183.5	183.5	0	0
重庆市	15039.6	14955.0	84.6		1700.1	1693.2	6.9	0.0
湖南省	25109.2	24932.7	0	176.5	666.8	498.1	0	168.7
湖北省	33968.0	27564.0	6226.0	178.0	2530.9	1851.3	618.0	61.6
江西省	10893.9	10416.9	477.0	0	233.6	182.6	51.0	0
安徽省	104948.7	101249.7	3699.0		4941.0	4620.0	321.0	0
江苏省	80342.8	58064.8	17397.0	4881.0	5886.7	1871.2	1919.9	2095.7
上海市	49769.5	2554.2	29069.8	18145.5	19195.5	46.4	3999.7	15149.5
浙江省	74796.7	20585.1	50335.9	3875.8	8142.6	284.7	5671.6	2186.4

从水路集装箱运输情况看，11 省市完成水路集装箱运输量 2710.3 万 TEU（表 1-8），货运量 35014.5 万吨，同比分别下降 7.6% 和 1.9%；其中远洋箱运量和货运量同比分别下降 15.8% 和 4.0%。

2015 年长江经济带 11 省市全社会水路集装箱运输量 表 1-8

省(市)	箱运量(TEU)	其中：远洋(TEU)	货运量(吨)	其中：远洋(吨)
总计	27103107	9801158	350145141	121424131
四川省	25301	0	412560	0
重庆市	743878	0	9810200	0
湖南省	167621	0	2960688	0
湖北省	40894	0	672855	0
江西省	75213	0	1013679	0
安徽省	1732832	0	15724282	0
江苏省	4642561	67942	43926214	502944
上海市	16753669	9445051	237934721	119156754
浙江省	2921138	288165	37689942	1764433

2)长江干线货运量与港口吞吐量

(1)长江干线货运量。作为长江水系水路运输的主轴,长江干线在国内能源、原材料、矿建材料等大宗物资的运输及外贸进出口货物运输中地位和作用日趋明显,已成为我国内河水运最重要、运输规模最大和最为繁忙的通航河流。2015 年,长江干线完成货物通过量 21.8 亿吨,较 2010 年的 15.02 亿吨年均增长 7.7%。按照运输区域分,干线至干线的货运量为 5.96 亿吨,支流进入干线和干线进入支流及支流通过干线进入支流的货运量为 3.34 亿吨,海进江和江出海货运量为 12.50 亿吨,分别占干线货物通过总量的 27.3%、15.3% 和 57.4%。主要货类的通过量分别为:煤炭 4.95 亿吨、金属矿石 4.23 亿吨、矿建材料 3.68 亿吨,分别占总量的 22.7%、19.4% 和 16.9%。2003 年三峡工程蓄水成库后,库区航运跳跃式发展, 2015 年三峡船闸通过船舶 4.45 万艘次,旅客 47.61 万人次,船闸通过量 1.196 亿吨。近年来长江干线货物通过量见图 1-5。

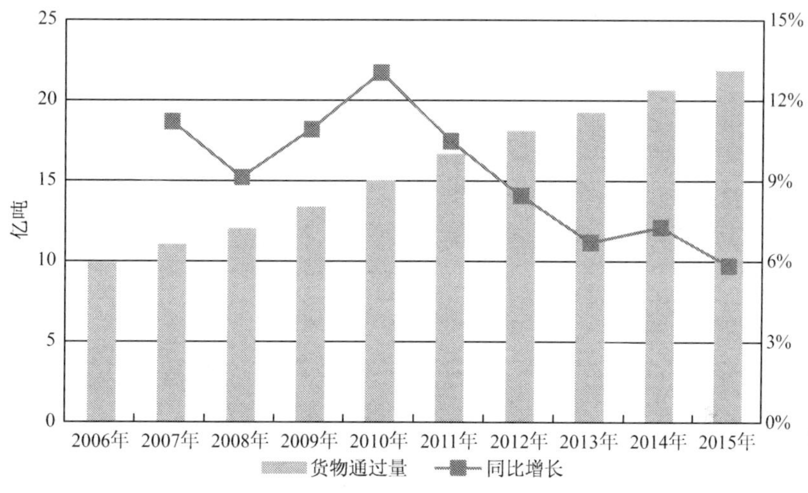

图 1-5　2006-2015 年长江干线货物通过量

(2)港口吞吐量。2015 年,在长江干线上的各港区完成货物吞吐量 24.54 亿吨,其中外贸吞吐量 3.2 亿吨,集装箱吞吐量 1494.5 万 TEU(表 1-9)。拥有南通港、苏州港、江阴港、泰州港、镇江港、南京港、芜湖港、九江港、武汉新港、岳阳港和重庆港共 11 个亿吨港口。

长江干线港区吞吐量(2015 年)　表 1-9

省(市)	货物吞吐量(万吨)		集装箱吞吐量	商品汽车滚装	载货汽车滚装	旅客吞吐量
	货物量	其中:外贸	(万 TEU)	吞吐量(万辆)	吞吐量(万辆)	(万人)
总计	245434.0	31974.8	1494.5	100.0	57.1	702.7
云南省	475.5					66.7
四川省	4304.4	46.3	62.0			
重庆市	14383.9	511.6	101.2	46.9	28.8	451.6
湖北省	29504.6	1242.4	132.2	38.1	28.4	167.6
湖南省	2645.5	259.1	24.0			
江西省	10424.9	278.5	25.5			16.7
安徽省	33418.5	1632.6	79.2	10.9		
江苏省	150276.9	28004.3	1070.4	4.0		

1.1.5 安全应急与监管设施发展

1)水上安全监管能力建设

一是监管系统建设。长江干线加强了重要通航枢纽、港区和桥区等重点水域船舶交通管理系统(VTS)和中央监控系统(CCTV)建设,加快了船舶自动识别系统(AIS)基站建设,完善了长江干线甚高频(VHF)通信系统布局,逐步实现了区域联网。建立了长江干线载运一类危险货物船舶的全过程动态跟踪系统。目前,长江海事局管辖水域VTS系统覆盖比例达38%,AIS系统比例达95%以上,VHF系统在长江干线基本实现连续覆盖。

二是监管救助基地码头和巡航救助船艇建设。长江海事局辖区建成重庆、武汉、芜湖综合监管救助基地、接岸设施26处;新建船艇54艘。江苏海事局镇江尹公洲等趸船浮码头投入使用,南通通州湾、泰州靖江监管救助基地开工,固定翼无人机项目获批立项并成功试飞;建造完成10艘巡逻艇,6艘船艇完成主体建造。三峡库区应急救助打捞装备启动建设,深潜抢险作业深度达到60米。

三是监管通信基础设施建设。长江通信已形成光传输网络、甚高频通信网络、数据网络、电话交换网络和视频网络系统,为用户提供水上安全信息播发、船舶遇险呼救、水上110报警和会议电视电话、长途及本地专、公网电话、数据通信等服务。目前初步形成了有线、无线、卫星通信手段兼备,专网和公网互补的调度指挥和通信保障体系,基本形成了以光纤网络、长航专网、无线网桥和海事通互为补充的执法办公网络系统,全面完成三级机房标准化建设,110联动转接电话保证率、安全通信保障率均为100%。

四是监管信息化应用系统建设。长江干线船舶协同监管系统建成,相对完善的船舶和船员基本信息数据库基本建立。三峡通航综合信息服务系统建成,升船机调度系统即将建成,三峡坝区两坝联合综合调度进一步完善。江苏海事局海事执法信息化数据分析处理中心基本建成,国产VTS推广、GIS系统升级、4G移动专网建设有序推进。

2)应急救助能力建设

多年来,长江水上搜救和溢油应急处置设施设备建设稳步推进。通过认真落实党中央、国务院有关水上交通安全工作的方针、政策,加大安全管理力度,长江干线水上应急搜救工作取得初步成效。

一是逐步开展巡航救助综合基地建设。在全面建设一线巡航救助站点的基础上,有序推进了巡航救助综合基地建设,其主要任务是承担巡航救助队伍现场技能培训、装备储备,并为大型搜救行动做支撑。全线规划了重庆、三峡坝区、芜湖等6个巡航救助综合基地,其中,武汉、芜湖巡航救助综合基地2009年已开工建设。“十二五”期,逐步建设六大巡航救助综合基地,并完善基地和救助站点设备设施配布。另外,还以长江海事局技能训练中心为依托,于2010年开工建设武汉水上监管搜救综合训练基地,立足于队伍巡航救助技能系统培训、搜救和溢油应急处置实训。

二是稳步推进防污染设备库建设。目前,通过三峡库区防污染一期工程的建设,在重庆、万州、三峡坝区均已建立危防应急设备库,库区段重点水域具备一次性清除50吨溢油的应急能力。同时，岳阳、武汉、芜湖溢油应急设备库工程已开工建设。"十二五"期间，进一步加强辖区防污染设备库、设备点建设，基本达到重点水域和重点港口一次性溢油控制清除能力达 200 吨，一般水域 100 吨。重点水域具备一定的化学品清除能力。

三是持续强化专业船艇升级改造。在船型开发及研究中，完成了 40 米级巡航救助船及 15 米级巡航救助船的开发建设，完成了内河 30 米级溢油回收船开发建设；完成具有船舶救助功能的 30 米级 B 型巡航救助船设计开发。并先后在原船型基础上，对 30 米级、20 米级巡逻船主要设备配置进行了适当提升，增配了部分救生救助设施，使其具备了一定的人命救助能力。基本构建完成了 40 米级、30 米级和 20 米级巡航救助船及 15 米级巡逻快艇系列船型建设标准，形成了不同尺度、功能上各有侧重的巡航救助一体化系列船型。

3)救助打捞能力

目前，长江干线有十多支打捞队伍，长江航道局下属武汉长江航道救助打捞局是长江干线上唯一的国家专业救助打捞力量。拥有交通运输部颁发的内河一级、沿海三级打捞资质，是交通运输部潜水打捞协会的理事单位之一。

4)治安防控体系建设

准确把握长江治安形势新特点，着力构建全面管控治安防控体系。2015 年，长航公安局警务保障能力明显提升，完成建设投资 7408 万元。完成南京、南通、九江、镇江 4 个分局的警备码头、14 个派出所业务用房的建设，建造首艘 400 吨级消防船、12 艘巡逻艇和 3 艘趸船并交付使用。一批现代化警务装备投入使用，刑侦、技侦等手段大为改善。110 调度指挥系统一期工程和金盾信息网派出所接入工程通过竣工验收，启动 110 调度指挥系统二期工程和南京以下江段视频监控项目，开发"长航公安涉水信息综合查询系统"。

5)推进公用锚地建设

推动三峡通航船舶待闸锚地建设，进一步完善三峡船闸上游待闸锚地，正式启动《三峡坝区船舶待闸锚地建设总体方案》规划工作。继续推进长江安徽段锚地建设管理试点，启动长江湖南段、重庆段锚地建设管理试点。

1.2　长江航运发展特征

我国正处于全面建成小康社会的决胜阶段，长江航运面临着全新的发展环境，中国经济进入新常态，长江经济带建设加快推进，综合立体交通走廊加速构建，这些新的形势给长江航运的发展带来了新机遇与新要求。

1.2.1　开发保护并举期

生态文明理念和绿色低碳要求为长江航运发展指明了新路径。长江流域以其丰富的自然资源、多样的经济文化和重要的区位优势，历来就在我国经济社会发展中占有极为重要的地位，不仅是人类文明的重要发源和发展区域，也是我国资源最富集、经济最集中的巨型产业带，是我国经济、文化发展潜力最大的地区之一。同时，长江流域又是生态环境脆弱、人地关系复杂的区域，拥有独特的生态系统，是中国重要的生态宝库。作为"长江经济带""一带一路""黄金水道""长江三角洲城市群""长江中游城市群""成渝城市群"等国家战略的重要支点和核心建设区域，在如何应对环境问题和防灾减灾、实现可持续发展方面，同全球多数大河流域一样面临日益严峻的压力和挑战。

长江流域城市群、黄金水道、长江经济带建设等国家战略的相继实施，对长江流域生态环境提出了更高要求。目前，重点流域大规模人类活动的生态影响、适应性和区域生态安全，重要生态系统能量物质循环规律与调控，生物多样性保育模式，流域、区域需水规律与生态平衡等内容已列入《国家中长期科学和技术发展规划纲要》中面向国家重大战略需求的基础研究内容。2014 年 9 月，国务院发布《国务院关于依托黄金水道推动长江经济带发展的指导意见》，明确提出建设绿色生态廊道、妥善处理江河湖泊关系、加强流域环境综合治理等内容。2015 年 3 月 5 日，李克强总理在政府工作报告中指出："江河湿地是大自然赐予人类的绿色财富，必须倍加珍惜。要推进重大生态工程建设，拓展重点生态功能区……加强江河湖海水污染、水污染源和农业面源污染治理，实行从水源地到水龙头全过程监管。"2016 年 1 月 5 日，习近平总书记在重庆关于推动长江经济带发展的座谈会中强调，"推动长江经济带发展必须从中华民族长远利益考虑，走生态优先、绿色发展之路"，"当前和今后相当长一个时期，要把修复长江生态环境摆在压倒性位置，共抓大保护，不搞大开发"。2016 年印发的《长江经济带发展规划纲要》指出，长江经济带发展的战略定位必须坚持生态优先、绿色发展，共抓大保护，不搞大开发；把长江经济带建成环境更优美、交通更顺畅、经济更协调、市场更统一、机制更科学的黄金经济带。从这个意义而言，环境更加优美是长江经济带建设的首要标准。

现今长江流域上、中、下游不同区域均面临不同程度的多种生态环境问题。虽然近年来国家对生态环境保护的重视程度不断提高，长江流域生态环境治理取得了一定成效，但是随着新一轮的长江经济带开发战略的提出，长江流域尤其是中上游地区仍然面临着较大的生态环境威胁与压力，如何科学、合理地保护流域生态环境，并使流域生态环境充分发挥生态、经济、社会等综合效益仍然是一个重大挑战。

长江是货运量位居全球内河第一的黄金水道，长江通道在区域发展中也占据着重要地位。无论从国家的规划、人民的需求，还是长江航运自身的发展要求上来看，畅通、高效、平安、绿色的现代化航运体系都是长江航运发展的前景和追求目标。树立绿色发展理念，贯彻生态文明建设要求，加快转变交通发展方式，推进交通运输低碳发展，提升综合运输通道效能，必然要求合理配置交通资源、优化交通运输结构，充分发挥长江航运占地少、成本低、能耗小、污染轻、运能大、效益高的比较优势和骨干作用，为构建现代综合交通运输体系和推进生态文明建设做出新贡献。

1.2.2　战略机遇叠加期

国家战略的实施为长江航运充分发挥比较优势带来了新空间。长江横贯我国东、中、西部三大经济区，是沿江区域经济协调发展的重要依托。国家层面，长江经济带、"一带一路"战略进入落地实施期，长江黄金水道作为基本依托，与国家战略的实施紧密相连。长江经济带横跨我国东中西三大区域，具有独特优势和巨大发展潜力。改革开放以来，长江经济带已成为我国综合实力最强、战略支撑作用最大的区域之一。长江经济带国家战略，内容将涵盖沿江综合运输体系完善、长江经济带产业转型升级、引导长江经济带新型城镇化发展、长江经济带对外开放战略格局优化、沿江绿色生态走廊构建、长江经济带协调发展体制机制建设等六大方面，长江经济带将成为继长三角、珠三角、环渤海之后的"第四个经济增长极"。

区域战略上，东部率先、中部崛起、西部开发、鄱阳湖生态经济区、洞庭湖生态经济区等，随着长江流域地区一系列区域经济发展战略相继实施，长江航运发展正处于由多重重大机遇相互叠加、相互影响、相互作用而形成的千载难逢、史无前例、弥足珍贵的重大战略机遇期，必将掀起长江航运新一轮大建设、大发展、大跨越的新高潮。

城镇化发展战略上，我国积极推进新型城镇化建设，其出发点就是要释放投资需求和消费潜力。城镇化表现为人口向城镇集聚，以及与之同步的产业集聚，作为先决条件的是基础设施建设。长江三角洲城市群、长江中游城市群、成渝城市群，是长江经济带发展的有力支撑，也是中国新型城镇化战略的主战场。2015 年以来，长江流域地区三大城市群发展规划相继获批，提出依托长江黄金水道，打造引领长江经济带临港制造和航运物流业发展的龙头地区。以此为契机，将全面提高长江经济带城镇化质量和水平，加快区域一体化发展。长江经济带的城镇化建设必然要优先于其他地区的城镇化建设，这将给沿江经济社会发展带来巨大的、持续的推动力，给长江航运带来强大的运输需求。

航运自身发展上，国家高度重视，并给予了有力的政策扶持。国务院 2011 年出台《关于加快长江等内河水运发展的指导意见》，将加快长江等内河水运发展上升为国家战略，国家对长江航运发展的资金投入和政策支持力度得到加大。同时，交通运输部、长江航务管理局和沿江各级地方政府也更加重视长江航运发展，加大政策支持力度，加大资金投入，加强区域合作，合力推进长江水运的建设和发展。

1.2.3　改革发展攻坚期

全面深化改革进入深水区为长江航运科学发展注入了新活力。党的十八届三中全会全面深化改革的战略部署涉及方方面面，改革的政策红利对长江航运发展影响重大、意义深远。在经济体制改革方面，核心就是要使市场在资源配置中起决定性作用，长江航运的比较优势将更加突出，竞争优势将更加明显；财税、金融、投融资体制改革，混合所有制经济发展，必将增强长江航运的发展活力。在政治体制改革方面，重点就是建设法治型、服务型政府，简政放权，使政府在营造公平市场环境、加强监管调控、引导市场主体培育、推进科技创新等方面发挥更大的作为。在生态文明建设方面，强调"用制度保护环境"，把生态环境问题列入改革的宏观范畴，对长江生态保护和长江航运发展是双重的利好政策。

新常态下大力推进供给侧结构性改革，要求扩大长江航运有效供给，为长江航运发展提供了有利的现实机遇。随着我国综合实力和国民收入稳步提高，"新四化"同步发展，运输需求不断扩大，货运结构变化显著。着眼"两个一百年"奋斗目标，主动适应和引领经济发展新常态，保持经济中高速增长、迈向中高端水平，必然要求增加长江航运公共产品和服务有效供给，注重提高供给质量和效率，降低社会物流成本，补齐基础设施短板，全面增强长江航运保障能力，为经济发展增添新动能。全面提高经济发展质量，要求在发展中必须把供给侧结构性改革作为工作的重头戏，从解决市场"有没有"转移到解决供给"好不好"，更加注重补齐长江航运基础设施短板，更加注重提升长江航运运输服务品质，更加注重长江航运运输装备提档升级，更加注重与其他运输方式的协调发展，更加注重创造企业良性发展的有利环境，特别是要在调整结构、转型发展、提高发展的质量与效率上下功夫，增强航道、港口、船舶等航运要素有效供给能力，实现长江航运供给与经济发展需求在新条件下的对接与平衡。

改革开放以来，长江航运的体制经历了几次重大改革，在相应的历史阶段都较大地释放了生产力、激发了市场活力，基本适应了长江航运生产力与沿江经济社会发展的要求。面对新的形势和任务，长江航运管理仍然存在政企不分、责权利不清等问题，治理体系和治理能力还不能完全适应流域经济社会发展的需要。在全面深化改革的大背景、依托黄金水道推动长江经济带发展的大格局、推动长江航运治理体系和治理能力现代化的大趋势下，建立健全集中统一、权责一致、关系顺畅、协调有序、运转高效的长江航运行政管理体制和运行机制势在必行。面对国家层面"依托黄金水道推动长江经济带发展"和行业层面"四个交通"发展对长江航运发展的战略要求，需要切实提高长江航运的治理体系和治理能力。为认真贯彻落实中央全面深化改革的部署，交通运输部研究制定了《全面深化交通运输改革的意见》，其中一项重大改革举措就是深化水路管理体制改革。2016 年 4 月，交通运输部出台《关于深化长江航运行政管理体制改革的意见》，对完善长江航运行政管理体制机制，推进长江航运治理体系和治理能力现代化提出了明确要求。当前，深化长江航运行政管理体制改革的航船已经起航，将在长江航运管理体制、运行机制等方面进行重大变革，推进长江航运治理体系和治理能力的现代化，以适应长江经济带发展的需要。

1.2.4 治理效益释放期

前期治理效益的逐步显现为长江航运持续发展提供了新动能。国家历来高度重视长江黄金水道建设，长江航运发展突飞猛进，取得了举世瞩目的成就，特别是"九五"以来进行的大规模航道整治工程，使长江通航条件大幅改善，航运面貌发生了翻天覆地的变化，干线航道全部实现夜航，成为一条全线、全天候通航河流。

从 20 世纪 50 年代起，我国开始对长江干线航道分阶段、有步骤地整治建设。到"九五"期前，国家重点对上游航道进行了系统治理，共整治滩险 123 处，零星清障 115 处，航道通过能力提高 8 倍以上，千里川江逐步摆脱天然状态。

"九五"期后，长江航道建设进入了大规模系统治理阶段。按照交通部提出的"深下游、畅中游、延上游"的建设思路，下游先后实施了张南、东流等航道整治工程、10.5 米深水航道上延工程、太子矶炸礁工程及马当沉船打捞工程，使下游航道实现了深水化；中游先后实施了界牌、碾子湾、陆溪口、罗湖洲、马家咀、周天、武穴、嘉鱼—燕窝等航道整治工程和应急清淤工程，中游航道条件得到改善，枯水期通航紧张局面明显缓解；上游结合三峡工程建设，实施了库区助航设施淹没复建和库区炸礁工程，库区航道得到了根本改善，同时实施了泸渝段、叙泸段航道整治工程，提高了上游航道等级，实现了昼夜通航。

"十二五"期，按照"深下游、畅中游、延上游、通支流"的发展思路，下游完成了南京以下 12.5 米深水航道建设一期等工程、二期工程进展顺利，南京以下航道基本实现深水化；启动了中游航道系统治理，基本完成荆江河段航道整治工程，中游航运"瓶颈"制约取得突破；两坝间航道启动科学整治，上游完成了宜宾至重庆Ⅲ级航道整治等工程，Ⅲ级航道上延至宜宾，长江干线宜宾以下全部建成高等级航道。同时，有效改善了长江水系"一纵一网十线"主要支流航道航行条件，开通裕溪口、太平府、安庆南、成德洲东港等 10 个支汊航道为公用航道，改善支汊航道里程达 384 公里，"通支流"取得重大突破，区域航道网络化程度得到提升。《长江干线航道总体规划纲要》确定的 2020 年规划目标总体上已经提前实现。

目前，长江干线航道已得到系统治理，各种工程建设的效果正逐步显现，长江航运已经处在治理效益释放期，通航潜力得到极大释放，干线航道通过能力达到"十一五"末的 1.5 倍以上。目前，5 万吨级海轮可直达南通港，10 万吨级及以上海轮也可乘潮减载抵达，3 万吨海船可直达南京港，洪水期可驶抵芜湖港。洪水期万吨级海轮可直抵安庆港，5000 吨级海船可直达武汉港，3000 吨级海轮可直达城陵矶港。

1.2.5　共建共享深化期

合力共建的深入推进为长江航运稳步发展开创了新格局。长江黄金水道建设是一项长期而艰巨的任务，2006 年以来，由交通运输部和沿江七省二市共同组成的长江水运发展协调领导小组，成为建设黄金水道的重要协调机制。10 年来，长江水运发展协调机制发挥了巨大作用，在部门合作、部省合作、省市之间合作三个维度上取得了突破，形成了有效沟通协调机制，加强了长江水运发展重大问题的研究，提升了长江黄金水道的地位和作用，有力推进了长江黄金水道的建设，长江水运进入历史上最好的发展时期。

作为长江航运主管部门的长江航务管理局，不断推动完善与地方交通运输主管部门之间的工作协调机制，先后与沿江七省二市人民政府的交通运输主管部门、沿江重点地市人民政府等，与高等院校、研究机构、涉水部门和主流新闻媒体签订了战略协议，形成了"年初有计划、年终有总结，社会有需求，各方有响应，合力推进，互利共赢"的"2+N"合作模式。"2+N"合作模式在规划制定、项目前期、工程建设、工程管理、行政执法和科技信息等方面深化合作，加强政策研究、深化改革等领域的协调，达到互通互利的共赢局面，成为加快长江经济带建设的催化剂和发动机。

“共享”是十八届五中全会提出的五大发展理念之一。坚持共享发展，就是要让长江航运发展的成果最大范围惠及流域百姓。在多方合力共建的推动下，长江航运基本服务均等化水平及服务品质越来越高，更加方便人民群众安全便捷舒适出行，增强了人民群众的获得感，长江航运的发展环境也越来越好，已经进入合力共建、成果共享的发展阶段。

第2章 长江航运发展评价指标体系研究综述

评价指标体系是指由表征评价对象各方面特性及其相互联系的多个指标，所构成的具有内在结构的有机整体。随着长江航运现代化建设的推进，研究制定评价长江航运发展的指标体系，并加以测定，具有重要的现实意义。

2.1 交通运输发展指标体系研究现状

交通运输业是国民经济中一个重要的物质生产部门，它把社会生产、分配、交换与消费各个环节有机地联系起来，是保证经济社会活动得以正常进行和发展的前提。交通不仅仅是人类缩短时间和空间距离的工具，其早已与现代社会融为一体。从日常生活的代步工具到经济社会的生产流通，从区域经济开发到国防建设，交通早已成为增进开放交流、推动空间整合和联系经济贸易及推进社会进步的纽带，交通已发展成为文明社会稳定秩序的基础。

2.1.1 现代交通运输的内涵与特征研究

交通运输是国民经济发展的基础设施和重要支撑，交通运输现代化是国民经济现代化的重要组成部分和必要条件。现代交通运输业是服务行业的一个重要组成部分，在我国已有一定程度的发展，我国目前正处由交通大国迈向交通强国的发展征程上，其内涵、特征、构成要素及实现途径和方式等方面的研究，是当前的研究热点，也是政府、社会、学者关注的重点。

现代交通运输是通过对即有运输方式适应现代经济发展需求的新内涵，使交通在服务效率、成本、质量、安全等方面达到更高的水平和层次。主要体现在两个方面：一是综合运输理论的成熟和应用环境的逐渐具备对其整体经营组织和结构调整提出新的要求，按照综合运输要求发展交通运输；二是现代信息技术的出现对运输组织方式提出新的要求，即各种运输方式为提高效率、降低成本和不断改善服务，必须在运输基础设施布局、企业经营组织管理、企业经营动作关系等各个方面，做出向信息化方向发展的改变和调整。

交通运输现代化，是指在资源和环境等各种外部约束条件下，各种运输方式按照技术经济比较优势和国情特点分工协作、优势互补、有效衔接形成一体化运输系统，该系统不仅能够在管理和技术上充分满足社会经济发展所产生的各种客货运输需求，而且能够实现与资源环境和经济社会的协调、可持续发展。按照这一定义，交通运输现代化至少应具备以下基本特征：

(1)总量适应。交通运输现代化最基本的特征首先是具备较完善的、符合本国经济地理要求的交通基础设施网络系统，总体运输能力应能够适应经济和社会发展所产生的各种客货运输需求。

(2)结构合理。结构是影响交通运输系统整体效率的关键因素，交通运输现代化应主要在以下四方面实现合理的结构：一是行业结构，即铁路、公路、水运、航空、管道五种运输方式按照各自的技术经济比较优势和国情条件实现合理分工；二是地区和城乡结构，不同运输方式在空间布局上应适应于不同区域，及城乡地区经济社会发展的特点和要求；三是点线结构，即交通运输枢纽建设在能力和布局上应与线路建设相适应，以实现交通运输点线能力相匹配；四是上下结构，即交通运输服务系统与交通基础设施网络系统相适应。

(3)组织有效。交通运输现代化需要通过管理来实现各运输方式在物理和逻辑上有效衔接，以实现运输过程的无缝化、一体化。在设施建设上，各种交通运输枢纽尤其是综合运输枢纽建设对于一体化运输具有重要作用。在运输组织上，则应充分发挥各种交通信息技术和组织管理技术对于提高运输效率、降低运输成本的积极作用。

(4)技术先进。交通运输现代化的标志特征之一是在建设和运行过程中大量应用各种先进和适用技术，通过提高综合运输系统硬件设施和软件系统的科技含量来促进运输系统整体效率的提高。

(5)以人为本。建设现代化交通运输的根本目的是满足人们的各种发展需要，因此不管是在旅客运输还是货物运输的各个环节，都应突出“以人为本”的理念，为各类生产和生活活动提供安全、便捷、舒适、经济的交通运输服务。

(6)可持续发展。随着资源环境约束的加强，交通运输系统应能以最低的能源资源消耗来最大限度地能满足各类客货运输需求，同时将交通发展的各种外部不经济性（如各种环境污染、交通事故）降至最低限度，实现交通运输系统与资源环境、经济社会的协调可持续发展。

2.1.2 交通运输发展的阶段性研究

我国当前正处于全面建成小康社会的攻坚期，全面参与经济全球化进程加快，工业化、信息化、城镇化、市场化、国际化的进程加快，经济总量继续保持较高增长，经济结构加速调整，消费结构逐步升级，城乡区域协调发展。经济社会发展形势对交通运输提出了新的更高需求，要求交通运输业不断提高供给能力，并加快提升交通运输服务水平。

董焰提出，当今世界交通业的发展，出现了两大趋势：一是随着世界新技术革命发展，交通业广泛采用新技术，提高运输工具和设备现代化及运输管理信息化水平。二是由于运输方式的多样化，运输过程的统一化，各种运输方式朝着分工协作、协调配合、建立综合运输体系的方向发展。

荣朝和等详细论证了"运输化"理论，认为"运输化"是工业化的重要特征之一，也是伴随工业化而发生的一种经济过程，随着第一产业和工业生产的物质产品的流动频率加快，逐渐形成了推动运输产业发展的大动力，在它们的推动下，使得近年来全国的交通业一直处于高速发展之中，交通运输发展可分为五种类型：运输制约型、能力缓解型、初步适应型、基本适应型、全面适应型；在新世纪的前些年，我国的交通运输建设将经历一个从"数质并重"到"优化结构"的过程。

俞鳗等认为，根据运输经济学理论和世界各国交通业发展的规律看，运输总量和运输业结构总是随着经济社会发展阶段的变化而变化的。

樊桦认为，交通运输增长方式转变是多因素共同影响的变化过程，要素投入方式、技术进步、制度创新等因素从不同方面影响着交通业增长方式，向集约型转变交通业发展的主要矛盾决定了交通业增长方式的基本特征，同时也决定了交通业增长方式转变是与交通运输发展阶段相适应，具有一定规律性的渐进的演变过程；在交通业供给能力滞后于需求增长的情况下，交通供求矛盾非常尖锐，对国民经济的正常运行构成了制约，扩大交通投资规模以尽快提高交通运输供给能力就成为交通业发展的主要手段和目标。

2.1.3 现代交通运输业评价指标体系研究

2007年，交通部提出了发展现代交通业的总体要求：到2010年，交通发展质量和效益明显提高，运输服务能力和水平明显增强，交通行业创新能力明显提升，现代交通业发展明显加快，基本适应国民经济和社会发展的需要；到2020年，交通发展的质量和效率显著提高，运输服务和管理显著改善，行业创新实力显著提升，资源节约、环境保护显著增强，基本建成更安全、更通畅、更便捷、更经济、更可靠、更和谐的交通运输服务体系，交通发展成果惠及城乡、人民共享，适应全面建成小康社会的需要，为21世纪中叶实现交通现代化打下坚实基础。可以看出，上述2010年和2020年的目标只是对现代交通业发展目标的定性描述，没有明确的定量建设指标，对现代交通业目标体系和指标值的研究还基本处于空白。

《我国交通运输对标国际研究》课题组以美国、日本、德国等国家交通运输发展为案例，进行了理论研究与实证分析，提出了交通运输强国的内涵与标志，建立了交通运输强国指标体系，包括保障性、安全性、经济型、引领性和可持续性等5个一级指标，12个二级指标，32个解释性指标。通过引入需求层次理论，从保障性、安全性、经济型、引领性和可持续性五个价值维度，对我国交通运输现状与国际一流水平进行对比，得出了初步结论，认为我国作为交通运输大国，在运输服务效率和水平、国际竞争力和影响力方面还不是大国，与世界强国差距仍然不小，今后的发展要更加注重提高运输服务效率、提升运输服务水平、满足国内经济发展需要，支撑国家战略目标。

刘广等人在广泛分析发达国家公路水路交通发展水平和发展趋势的基础上，探讨了交通现代化的基本特征和内涵，将公路水路交通现代化的基本特征属性归纳为八个方面：安全、可靠、经济、舒适、便捷、高效、低耗和环保。

尹良龙在阐述公路水路交通现代化的基本内涵的基础上，建立了广东省公路水路交通现代化评价指标体系。

张盈盈从综合交通运输系统的研究角度出发，通过对国内外交通运输现代化进程的比较，从交通适应性、交通设施和工具、运营效率和交通可持续发展四个层面对交通运输现代化的基本特征进行了分析，建立了交通运输现代化指标体系，并提出了为解决总目标所采取的研究方法和技术路线。

齐悦结合我国国情及综合运输现状，以综合运输需求为研究对象，运用运输需求和供给理论、周期波动理论、谱分析理论，从深入定性分析和细化定量刻画的角度对综合运输需求展开研究，建立了描述综合运输需求特征的指标体系，重点研究了综合运输需求的周期波动特征，并进行了实例应用和验证。

田少波研究了现代交通业发展水平预测及评价指标体系，采用对比分析法和层次分析法等，构建了基于层次分析——功效函数的现代交通业发展水平测评模型，确定了评价年份的发展水平值。

谭玉顺基于社会经济可持续发展和协调发展理论，构建了综合交通运输与经济、环境，协调发展评价指标体系，建立了基于欧式距离和"准理想点"的系统协调发展定量评价模型，对我国近年来的交通运输与经济、环境的协调发展状态进行了评价。认为综合交通运输与经济、环境协调发展任务依然严峻，必须不断完善综合交通运输网络体系，提高综合交通运输效率，更好地促进交通运输与经济、环境的协调发展。

2.2 长江航运发展指标体系研究

2.2.1 长江航运在区域经济社会发展中的地位与作用

《长江经济带发展规划纲要》确立了长江经济带"一轴、两翼、三极、多点"的发展新格局。长江航运作为长江经济带战略的坚强支撑，地位和作用举足轻重，在推动长江经济带发展中主要发挥"五大作用"。

一是在国家战略中的主通道作用。长江是沟通东中西部的运输大动脉、名副其实的黄金水道，是与"一带一路"连接的纽带。在沿江各种运输方式中，长江航运的货运量居于首位，沿江所需 85% 的铁矿石、83% 的电煤和 85% 的外贸货物运输量（中上游地区达 90% 以上）主要依靠长江航运来实现。长江水系完成的水运货运量和货物周转量占沿江全社会货运量的 20% 和货物周转量的 60%。在实施国家战略中，长江航运为沿江经济社会发展提供更加畅通、高效、平安、绿色的航运服务，在长江经济带发展中提供坚强的航运保障。

二是在沿江综合立体交通走廊建设中的主骨架作用。构建沿江综合立体交通走廊，长江既是主轴、是核心，也是基本依托，有效发挥长江航运作用是沿江综合立体交通走廊建设的基本前提。经过近年来的建设和发展，长江航运干线全面建成高等级航道，航道通过能力大幅提升，船舶大型化、船型标准化趋势明显，港口枢纽功能进一步发挥，有力促进了沿江综合交通运输体系建设。

三是在沿江产业布局中的主支撑作用。依托长江黄金水道，目前沿江地区形成了以冶金、电子、机械、汽车、原油、化工等为主体、以高新技术产业为主导的新型产业布局，是我国最富活力和最具竞争力的经济区域之一，目前聚集了全国 500 强企业中的近 200 家。

四是在多式联运中的主枢纽作用。《长江经济带发展规划纲要》明确要求，以长江港口为枢纽实现零距离换乘、无缝衔接，发展多式联运，发展现代物流。长航局要推进港口集疏运系统建设，加快推进多式联运发展，推动港口集疏运系统的布局和结构优化，推动打通铁路、公路进港“最后一公里”，补齐港口集疏运基础设施短板，提升港口集疏运能力和服务水平，促进港口转型升级，促进物流业降本增效。

五是在生态文明建设中的主基调作用。长江航运以其低消耗、低排放、低污染，节约资源能源的绿色天然优势，代表和引领着生态文明的发展方向。始终坚持绿色发展不动摇，加快结构调整，加快技术进步，加强新技术的研究和应用，推进实施“美丽长江”工程，坚持“法规推动、市场带动、技术驱动”，加强船舶、港口污染防治、节能减排和生态保护，推动形成航运绿色发展方式，更好地服务长江经济带绿色生态廊道建设。

2.2.2　长江航运相关指标体系研究

通过文献检索，查阅到的有关长江航运发展评价指标体系的研究主要有：

刘文娜从发展度、协调度和持续度的角度出发，构建了重庆水运可持续发展的评价指标体系，通过粗糙集、层次分析法和灰色关联分析的综合评价方法，分析评价了重庆市水运可持续发展的能力。

王晚香在分析内河航运的优缺点及我国内河航运的发展现状的基础上，阐述了内河航运评价的特点、原则和主要内容，建立了内河航运综合评价指标体系，给出了各项指标的计算和分析方法，探讨了几种综合评价方法在内河航运综合评价中的运用。

张友棠、黄阳在系统分析长江航运在运输体系中的综合优势的基础上，建立一套科学系统的、定性与定量相结合的综合评价指标体系，并运用模糊综合评价方法，通过实证分析揭示了长江航运相比其他运输方式的优越性，为长江航运的合理定位奠定了理论基础。

王造针对长江航运发展过程中存在的各种问题和制约因素，从长江航运发展环境着手，分析长江航运发展的内部和外部环境状况，界定了长江航运现代化的内涵及相关特征，通过长江航运现代化发展的特点构建指标体系，为构建长江航运现代化目标体系提供了依据基础。

苏凡通过分析长江干线航运发展与流域经济的发展现状，分别从总体经济、产业结构、对外贸易、地方财力四个方面对长江流域的经济现状进行概述，从航道、港口、船舶、运输四个方面着手对长江干线航道的建设情况和通航现状进行分析；考虑一系列影响因素，通过分析指标之间的相关性，构建了长江干线航运发展与流域经济适应性评价指标体系，并对长江干线航运发展现状及航运发展需求与流域经济的适应性进行评价，采用主成分分析法分析数据，分别得到航运发展与流域经济的综合得分值，计算其差值，以此衡量现在及未来的航运发展水平。

武斌以长江航运支持保障系统船舶为研究对象，结合国内外在船舶技术节能与管理节能方面的研究成果，在系统科学、技术科学与经济学理论基础上以科学发展观、现代管理理论为指导，针对长江航运支持保障系统中船舶在实际工作中的特点，系统分析长江海事局、长江航道局、长江航运公安局等部门支持保障船舶的能耗规律，探讨长江航运支持保障系统行业统一的节能考核实施方法，提出了长江航运支持保障船舶节能指标体系，将指标体系划分为长江航运支持保障系统单位节能指标体系和长江航运支持保障系统单船节能指标体系，分别对船舶管理部门和船舶使用部门进行考核，运用层次分析法确定各项指标权重，根据指标权重制定节能考核评分表对各部门节能工作情况进行评价，并进行系统实证，最后给出长江航运支持保障船舶节能指标具体的实施建议。

田丽娟结合长江干线安全监管工作实际，分析水上交通安全风险因素，设计长江干线水上交通安全预警指标调查问卷并开展调查，构建了具有实时动态性的长江干线水上交通安全预警指标体系，包括 4 大类 11 亚类共 33 个指标，并确定了各指标的阈值。根据不同航段特征，从事故诱因与事故发生次数间的关系出发，采用 ABC 分析法，分别构建了长江干线浅险段和繁忙航段水上交通安全预警指标体系。

刘东森通过调研了解各类航运公司评价指标，对具体评价过程进行研究，构建了航运公司安全管理评价指标体系模型。将评价过程模型可视化处理，搭建最适宜的功能模块、业务流程及数据接口形式，编写了设计代码，开发出航运公司评价系统并投入运行。

黄冲分析了与绿色指数相关的国内外研究现状，阐述了绿色发展、绿色航运、绿色船舶、生态航道、绿色港口的内涵；运用目标层次分类展开法，遵循系统性、可操作性、科学性和与时俱进的原则并结合一定的标准、规范，选取出了船舶、航道、水路运输和港口 4 大系统和 16 个具体描述绿色发展的指标，建立了一套合理的长江航运发展绿色指数评价指标体系，并计算得出了长江航运发展绿色指数。

瞿群臻、李立鑫在深入研究长江航运文化各层面具体内容的基础上，融入生态化因素，提炼出包含 11 个物质层指标、6 个精神层指标、4 个制度层指标、3 个行为层指标在内的评价指标体系，并运用模糊综合评价法构建了长江生态航运文化建设水平评价模型，以专家问卷调研结果作为依据，对当前的建设水平进行评价。提出了诸如创新航运企业员工培训和绩效管理体系、出台有利于航运文化生态化发展的法规体系、引导生态化主题活动向小型化和多样化发展、用外在激励和内在激励相结合的手段激发员工的生态化行为等建设措施。

2.3　长江航运发展指标体系构建分析

通过文献分析，目前在长江航运发展评价指标体系研究方面，主要侧重于：一是从整体上研究长江航运与经济社会的相互作用；二是从专业性的角度来评判长江航运某一个方面的发展情况，如安全监管、支持保障系统船舶、绿色发展、航运文化等。就航运自身发展、航运市场等的综合性评价而言，相关研究还比较少，没有形成统一的评价指标体系。

综合考虑上述因素，我们将开展两个方面的工作：一是在借鉴吸收已有相关研究成果的基础上，探索建立长江航运发展的两套综合性评价指标体系，即长江航运经济技术指标体系和长江航运现代化指标体系；二是在构建指标体系的基础上，开展有关应用与实证分析，主要有长江干线货物通过量预测、长江航运市场集中度测算、长江与“世界一流”内河航运对标等三个方面。我们也期望这些工作的开展，能为长江航运的发展提供有益的决策参考。

第3章

长江航运经济技术指标体系构建

经济技术指标是指国民经济各部门、企业、生产经营组织对各种设备、各种物资、各种资源利用状况及其结果的度量标准。经济技术指标可反映各种技术经济现象与过程相互依存的多种关系，反映生产经营活动的技术水平、管理水平和经济成果，它具有行业的通用性。

3.1 长江航运经济技术指标内涵

3.1.1 长江航运经济技术指标的概念

长江航运业在严格执行全国统计制度方法和交通运输行业统计制度方法的基础上，根据本行业的特点，制定了大量适应长江航运生产、经营和管理需要的专业性经济技术指标。从不同侧面来看，长江航运经济技术指标包括管理信息、统计信息和生产与市场信息，原则上可分为基础设施与装备及其运用情况指标、参与主体基本情况及其主要业务活动指标、资源能源利用与污染物产生及环境管理指标、生产质量与安全要求指标、经济与社会效益指标五大类。表现形式上，主要包括：

1)总量与速度指标

总量指标，是用来反映长江航运经济技术活动在一定条件下的总规模、总水平或工作总量的统计指标。也就是用一个绝对数来反映特定现象在一定时间上的总量状况，它是一种最基本的统计指标。按其说明总体的内容不同，分为总体单位总量和总体标志总量。按其反映总体的时间状况不同，分为时期指标和时点指标。根据总量指标所反映现象的性质不同，其计量单位一般有实物单位、价值单位和劳动单位三种。

总量指标数值都是通过对总体单位进行全面调查登记，采用直接计数、点数或测量等方法，逐步计算汇总得出的。只有在不能直接计算或不必直接计算总体的总量指标的少数情况下，才采用估计推算的方法取得有关的总量资料。总量指标数值在计算方法上比较简单，但在计算内容上却是相当复杂，这就涉及如何在质与量的统一中，反映一定历史条件下社会经济现象的规模和水平。因此，总量指标数值的计算并不是一个单纯技术性的加总问题，而必须正确规定总量指标所表示的各种社会经济现象的概念、构成内容和计算范围，确定计算方法，然后才能进行计算汇总，以取得正确反映社会经济现象的总量资料。

速度指标，也叫平均增长速度，是反映某种现象在一个较长时期中逐期递增的平均速度。速度指标用相对数（倍数或百分数）表示。计算平均增长速度有两种方法：一种是习惯上经常使用的“水平法”，又称几何平均法，是以间隔期最后一年的水平同基期水平对比来计算平均每年增长（或下降）速度；另一种是“累计法”，又称代数平均法或方程法，是以间隔期内各年水平的总和同基期水平对比来计算平均每年增长（或下降）速度。增长速度，是报告期增长量与基期发展水平之比。其计算公式为：

$$\text{增长速度(\%)} = \frac{\text{某指标报告期数值}-\text{该指标基期数值}}{\text{该指标基期数值}} \times 100\%$$

计算结果若是正值，则叫增长速度，也可叫增长率；若是负值，则叫降低速度，也可叫降低率。

平均递增速度也叫平均增长速度，是各个时期环比速度（即报告期水平与前一期水平对比计算出的速度）的平均数，说明社会经济现象在较长时期内速度变化的平均程度。

2)结构指标

结构指标，是揭示总体内部的组成数量表现，亦即是对总体内部结构的数量分析，也称为结构相对指标。结构相对指标就是在分组的基础上，以各组（或部分）的单位数与总体单位总数对比，或以各组（或部分）的标志总量与总体的标志总量对比求得的比重，借以反映总体内部结构的一种综合指标。一般用百分数、成数或系数表示，可以用公式表述如下：

$$\text{结构相对数} = \frac{\text{总体某部分或组的数值}}{\text{总体全部数值}} \times 100\%$$

概括地说，结构相对数就是部分与全体对比得出的比重或比率。由于对比的基础是同一总体的总数值，所以各部分（或组）所占比重之和应当等于 100%。

结构相对指标的主要作用可以概括为以下几个方面：可以说明在一定的时间、地点和条件下，总体结构的特征；不同时期结构相对数的变化，可以反映事物性质的发展趋势，分析经济结构的演变规律；根据各构成部分所占比重大小，可以反映所研究现象总体的质量及人、财、物的利用情况；利用结构相对数，有助于分清主次，确定工作重点。

3)比例和效益指标

比例指标，是总体内部不同部分数量对比的相对指标，用以分析总体范围内各个局部、各个分组之间的比例关系和协调平衡状态。它是同一总体中某一部分数值与另一部分数值静态对比的结果。比例指标的计算公式如下：

$$\text{比例指标} = \frac{\text{总体中某一部分数值}}{\text{总体中另一部分数值}} \times 100\%$$

比例指标计算结果通常以百分比来表示。

根据统计资料，计算各种比例相对数，反映有关事物之间的实际比例关系，有助于我们认识客观事物是否符合按比例协调发展的要求，参照有关标准，可以判断比例关系是否合理。

比例指标与结构指标相比，结构指标是同一总体中，各组总量与总体总量对比，反映总体内部组成或结构情况；而比例指标则是同一总体中不同组成部分的指标数值对比的相对指标，说明总体范围内各个分组之间的比例关系和协调平衡状况。

效益指标，是用来衡量和反映长江航运经济技术现象与过程的经济效果现状及水平，以及包括经济效益、社会效益和生态效益三方面的综合效益。主要包括反映行业发展水平和服务水平的质量效益和发展潜力指标，反映企业经营状况的收益性指标、流动性指标、安全性指标、成长性指标和生产性指标。

3.1.2 长江航运经济技术指标的构成

1)基础设施与装备及其运用情况

(1)长江航运基础设施。是指为长江航运经济技术活动提供公共服务的物质工程设施，是用于保证长江航运经济技术活动正常进行的公共服务系统。具体包括：

①生产性基础设施。其中水路基础设施包括：航道、内河航道永久性构筑物、助航设施；港口设施包括：港口、码头、泊位，仓库、堆场；铁路专用线、运输管道、滚装连接桥、疏港公路等陆域集疏运设施；锚地、进出港航道等水域设施。

②社会性基础设施。包括科研与技术服务设施；文化教育设施；医疗卫生设施；生态环境设施等。

③保障性基础设施。包括港航管理部门基础设施；安全基础设施包括：水上交通管理系统、安全(视频)监控系统、应急救助系统、消防设施；通信网络设施。

常用的指标主要从各项基础设施供给保障程度（数量、质量）、运行效率（管理运营水平）、基础设施各项系统的均衡协调程度等方面来反映。

(2)装备设备。是指提供长江航运运输功能与服务、维护长江航运经济技术活动的主要业务和生产过程正常运营等各类装备设备，它与航运基础设施有机结合，保证长江航运公共服务系统能提供最大限度的服务。具体包括：

①运输装备。主要是指用于载运旅客和货物的船舶。

②港口装备。主要是指用于港口生产的装卸和运输机械；动力设备；供电、供水、通信设备；港作船舶、港内铁路和道路上的车辆等。

③港航管理装备设施。主要指港航管理部门用于现场执法、监管；航道养护及安全应急和救助的车船等装备。

常用的指标主要从各项装备设备的配置与性能（数量、技术状况、生产能力）、运用效率（生产效率）、各项装备设备的均衡协调程度和适应程度等方面来反映。

(3)固定资产投资。是指投资主体垫付货币或物资，以获得生产经营性或服务性固定资产的过程。本研究所涉及的固定资产投资，主要是指基础设施与装备的基本建设和更新改造。

①固定资产投资额。主要反映固定资产投资的规模和速度、固定资产投资的资金来源。

②建设项目。主要反映建设项目的基本情况。

③新增生产能力。指通过固定资产投资活动而增加的设计能力或工程效益，它是用实物形态表示的固定资产投资的成果。

常用的指标主要从投资额及投资结构，项目的建设性质、建设阶段、投资来源，新增生产能力或工程效益来反映。

2）参与主体及其主要业务活动情况

（1）行政主体。是指具有行政权力、实施行政管理活动的组织。行政主体主要是由行政机关担任，但又不限于行政机关，法律、法规授权的某种非行政机关社会组织也能行使某项行政职权，实施某种行政行为。其主要业务活动包括：

①依法行政。主要反映行政主体的职能和行政管理体制的合理配置程度，科学民主决策机制的完善程度，制度建设的质量，行政执法体制合理性、规范性的实现程度和效能，依法行政的水平、能力和成效。常用的指标主要从依法行政总体状况和实际水平，依法决策、履行职责、行政执法的工作量、能力和成效等方面来反映。

②服务绩效。主要反映行政主体对长江航运支持保障系统的运营管理水平，服务质量和安全的监测与控制水平，公共服务保障和信息引导水平等。常用的指标主要从效率（推进行业发展）、民主政治、行政成本、公平公正、民生、安全、环保、公共服务和社会保障等方面来反映。

（2）市场主体。是指在市场上从事经济活动的个人和组织，可以分为投资者、经营者、劳动者及消费者。本研究涉及的市场主体主要是指从事长江航运生产、经营或辅助性有偿服务的法人、其他组织和个人，不涉及航运服务体系的上、下游行业市场主体。

①航运服务经营人。主要反映航运服务主业、航运辅助业和高端航运服务业等相关行业企业的所在区域、类型及其规模、能力。常用的指标主要从法人单位数、区域分布、从业人员、资产情况和生产能力、管理和服务水平等方面来反映。

②生产经营情况。主要反映航运服务相关行业企业的主要业务活动、生产经营活动情况。常用的指标主要从反映企业业务量的生产实物量、反映企业经营结果的财务指标和反映企业经营过程的非财务指标等方面来衡量。

3）资源能源利用与保护生态环境

资源能源利用，是指长江航运经济技术活动中资源能源的利用程度。保护生态环境，是指长江航运经济技术活动中所产生的主要污染物产生量及处理利用程度。资源利用最大化、能源消耗节约化、污染排放最小化，反映了行业的可持续发展能力。

常用的指标有资源利用指标、能源指标、污染物产生指标、废物回收利用指标、环境管理要求指标等。

4）生产质量与安全要求

生产质量与安全要求，是指长江航运生产经营活动过程中生产环节的质量与安全情况及管理方面的要求。

(1)运输质量。运输质量包括三个相互联系的方面,即运输产品质量、运输服务质量和运输工作质量。通常所讲的运输质量常指的是前两者。运输产品质量是指满足旅客、货主对客、货位移特定需求的一种特性,它反映了顾客在物质方面的需求;运输服务质量是指在实现运输对象位移过程中,运输生产应能满足顾客精神、文化需求方面的一种特性,它反映了顾客在精神方面的需求;运输工作质量是指运输生产过程中,所涉及各种设施、设备、制度、规范、文化等符合有关质量要求的特性,它是运输产品质量和运输服务质量的保障。常用的指标主要从安全性、及时性、完整性、经济性和服务性五个方面来反映。

(2)水运工程质量。是指有关法律、行政法规、规章、技术标准、设计文件及合同对水运工程(港口、航道、航标、通航建筑物、海岸防护、修造船水工建筑物及支持系统、辅助和附属设施的新建、改建、扩建和大修工程)的安全、适用、经济、美观等特性的综合要求。常用的指标主要从质量控制标准、合格情况来反映。

(3)水运安全。包括水上交通安全、港口安全生产和水运工程安全等,是指长江航运生产经营活动过程中各种事故风险和有害因素。安全生产指为预防在生产过程中发生人身、设备等各类事故,保护工作人员在生产中的安全而采取的各种措施。常用的指标主要从水上交通事故、港口和水运工程安全生产事故的件数、伤亡人数、直接经济损失,以及安全制度建设、安全文化建设等方面来反映。

5)经济与社会效益

经济与社会效益,是指长江航运经济技术活动对国民经济和社会发展的贡献程度,体现了长江航运与经济社会之间的互动关系,可分为宏观经济效益和微观经济效益。

(1)宏观经济效益。指在长江航运经济技术活动中社会投入的各种生产要素的占用(即耗费)与产出的社会经济成果的比较。长江航运宏观经济效益是社会效益的一部分,主要体现在两个方面:一是整个行业的综合经济效益,二是长江航运业在经济技术活动中社会投入的物化劳动、活劳动和资源的占用、消耗与交通运输业及全社会效益的比较。除直接经济效益以外,宏观经济效益还包括发展长江航运业带动其他相关行业发展的间接经济效益。常用的指标主要从自身经济效益、社会经济效益、社会非经济效益等方面来反映。

(2)微观经济效益。是宏观经济效益的基础,主要表现为长江航运业的经营收益与成本之间的比较。常用的指标主要从航运服务企业的经营收入、经营成本和经营利润等方面来反映。

3.1.3 长江航运经济技术指标体系的定义

长江航运经济技术指标体系,是为综合反映长江航运各种经济技术现象及其发展的全过程,描述和反映长江航运业的发展情况、运行特点和运营效益的数量和质量特征,由若干个相互联系、相互制约的长江航运经济技术指标组成的一套有机的整体系统。按其内在联系组成,具体为一个由 3 个层次构成的指标体系群。

第一个层次是长江航运各具体产业经济技术指标体系。依照长江航运经济系统分类的结果，以航运活动为基础，以航运服务功能为主线，构建各具体子系统的经济技术指标。这是一个全面、详细反映长江航运活动各具体行业的基本状况的指标体系，形成整个指标体系的基础指标。

第二个层次是归属于部门统计的各业务系统经济技术指标体系。在第一个层次所设计的各具体产业指标的基础上进行综合，设计出反映航运产业各活动过程的指标体系，纳入到相应的部门。

第三个层次是反映航运产业经济技术活动的宏观指标体系。这一指标体系是对整个航运经济技术指标体系的高度综合，通过若干个关键性指标（综合指标和支撑指标）来反映长江航运产业活动的总体情况。

3.2 长江航运经济技术指标体系构建

3.2.1 构建原则

长江航运经济技术指标体系是一个复杂的大系统。根据发起和实施主体的不同，指标体系的构建目的也不尽相同。对于行业主管部门，构建长江航运经济技术指标体系的目的，是希望运用这一指标体系，从总体上可客观反映长江航运业发展的规模、结构、效率、效益和质量水平，揭示长江航运发展变化的规律，为行业管理部门提供决策支持服务，并发挥指标体系的导向功能，引导行业健康、科学发展。因此，长江航运经济技术指标体系构建应遵循以下原则：

（1）全面系统与突出重点相结合的原则。长江航运经济技术活动是一个涉及长江航运生产经营活动的形成条件、影响因素到经济技术效果和变化发展趋势等各个方面的大的复合系统。因此，建设长江航运关键性经济技术指标体系，必须从系统整体出发，以全行业为主体，能科学地体现长江航运经济技术活动的综合性和整体性；同时，所选指标应该具有代表性，覆盖面要相对广泛，能综合反映行业发展的主要特征和状况，能够真正地反映出行业管理服务的内涵。

（2）可测度、可比较原则。可测度包括可以数量化和数量变化的显著程度，各项数据结果要有统计依据，指标体系及统计调查的组织实施在实际运作中切实可行、可操作。可比较包括纵向比较（行业自身发展）和横向比较（行业的地位）。

（3）尽可能选取客观指标和最终成果指标原则。长江航运经济技术指标体系作为一种决策支持和引导指标体系，反映的是长江航运发展的最终结果。一般情况下，尽可能地选取最终成果指标，而不选取动因性、措施性和对策性指标。同时，为避免人为因素的干扰，一般选取具有客观性的指标。

（4）协调性原则。在基本概念、定义和分类标准等方面保持与国家和行业统计核算体系相协调，指标与重要统计报表制度和统计调查指标相衔接，指数数据以行业群体的统计报表数据、普查数据、业务数据为基础。

3.2.2 总体架构

鉴于目前的长江航运经济技术指标的现状和行业主管部门管理和服务的需要，并结合“四个交通”和“四个长江”的发展理念，从长江航运系统的基本构成要素及各要素之间的相互关系的角度进行分析，长江航运关键性经济技术指标体系应该包括三个基本构成要素：

1）长江航运的综合服务能力和保障水平

即保障性指标体系，反映长江航运经济技术活动的生产条件，也是开展长江航运经济技术活动的物质基础。包括长江航运基础设施、装备设备条件和参与主体的种类和特征。通过指标，可以了解基础设施装备的发展状况和技术水平，了解从事长江航运经济技术活动的机构和个人的发展状况和结构。保障性指标体系包括航道、港口、运输船舶等基础设施和装备体系，服务保障体系，资金保障体系和参与主体体系四个基础性支持保障子系统。

2）长江航运经济技术活动的效率和效果

即竞争性指标体系，反映参与主体的运作效率和效果，主要指参与主体提供的产品及相关的服务活动所产生的价值量和实物量，是衡量长江航运业发展水平和宏观管理绩效的重要依据。竞争性指标体系包括运输生产规模等生产量指标、保障系统设施设备的利用效率指标、企业运营的效率指标、经济技术活动的宏观效益指标（价值量指标）四个基本构成要素。

3）长江航运经济技术活动的协调和可持续

即可持续性指标体系，反映长江航运经济技术活动与经济社会、资源、环境的和谐程度，是衡量长江航运业科学发展水平的关键要素。可持续性指标体系包括安全发展指标、生态环境指标、行业发展的内部协调性和外部协调性四个基本构成要素。

针对上述基本构成要素，结合现有运输统计及相关业务统计的基础，通过梳理、改造、提升和扩展现有的经济技术指标，提出反映长江航运宏观经济技术活动的长江航运关键性经济技术指标体系，见图 3-1。

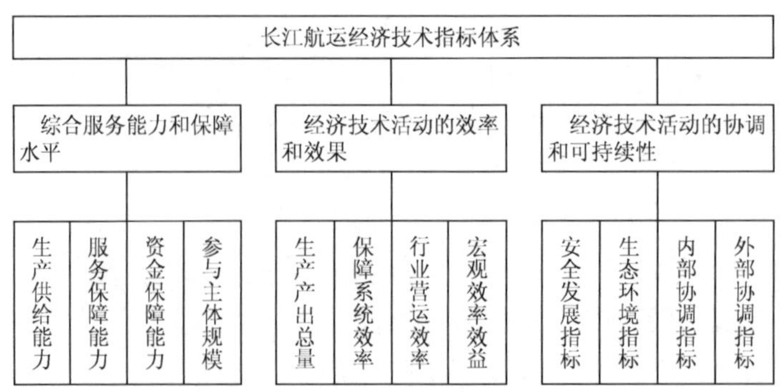

图 3-1 长江航运经济技术指标体系总体框架示意图

3.2.3　关键性指标的选取

3.2.3.1　关键性指标的选取方法

1)指标的初选

长江航运经济技术指标体系的详细设计是在指标体系框架结构的基础上,依据长江经济主要经济技术特征的内涵及指标设计原则,对指标体系的基础指标进行分析与设计,即指标体系框架结构中的"指标层"。

指标的初选方法有综合法和分析法。综合法是指对已存在的一些指标群按一定的标准进行聚类,是指标体系化的一种构造指标体系的方法。分析法是指将度量对象和度量目标划分成若干部分,并逐步细化,直到每一部分都可以用具体的统计指标来描述、实现。

采用综合法进行指标的初选。考虑到基础指标数据的可得性及建立指标体系的通用性,在选取基础指标时,尽可能选取已在行业实际工作中实行的指标。涉及的指标群主要包括:交通运输部颁布的《公路、水路、港口主要统计指标及计算方法规定》中的水路、港口主要统计指标,交通运输行业统计报表制度中的主要统计指标,行业管理部门主要业务指标和管理指标等。

2)指标的完善

初选后的指标体系比较庞杂,还必须经过完善化处理才能成为真正科学、实用的指标体系。指标体系的完善工作除了验证每个指标的数值能否获取,每个指标的计算方法、范围和内容的准确性,还要对指标的重要性、必要性和完备性进行分析。

指标的重要性,是对所有初选指标在指标体系中的相对重要性进行一次判断赋权,根据各项指标的重要程度,筛选一批关键性的指标。本研究主要采用专家意见法进行分析,根据专家对指标重要程度的评价,决定保留哪些指标,删除哪些指标,最后确定指标体系。

指标的必要性,是对构成指标体系的所有指标从全局考虑是否都是必不可少的,有无冗余现象。一般通过各指标的两两相关性分析,确定保留指标。

指标的完备性,是判断指标体系是否全面地反映和测度长江航运经济技术活动的主要特征和发展状况。一般通过定性分析来进行判断。

3.2.3.2　关键性指标的初选

1)保障性指标

保障性指标主要是反映和衡量长江航运经济活动存在所必需的基础资源和开展经济技术活动所必要的组织机构和人力资源的发展现状和特征,即反映投向长江航运经济活动过程的人力、财力、物力等资源的指标。内容涵盖以下几个方面:

(1)生产供给能力。衡量水运生产供给能力的发展状况和发展水平,大体上应当包括基础设施和装备的规模、结构和布局、技术水平三个方面。水运基础设施和装备,是为水上运输提供服务的公共设施和装备，是对水运生产及其效率有直接或间接作用的项目，这里主要指航道、港口等生产性基础设施及其配套的装备和运输船舶，其数量、质量和发展进程中的变化反映了长江航运系统满足社会需求的能力。其中：

①航道基础设施。主要反映长江航运的运输条件和承载能力。初选指标涵盖范围：航道的通航条件、航道网络通达和覆盖范围、永久性构筑物的适应匹配程度、航道维护管理水平等方面。

A. 内河航道里程。也称内河通航里程，指在一定时期内，能通航运输船舶、排筏的天然河流、湖泊水库、运河及通航渠道的长度。反映水路运输所覆盖的范围，是支撑水路运输发展的基础性资源。

数据来源及统计方法：《交通运输综合统计报表制度》。主要按航道的技术等级（包括现状技术等级和定级技术等级）划分，以通航船舶及相应的船型队型、航道尺度分为七级，即Ⅰ、Ⅱ、Ⅲ、Ⅳ、Ⅴ、Ⅵ和Ⅶ级航道，通航标准低于Ⅶ级的航道为等外级航道。

评价指标：是评价航道的发展质量和发展水平的重要依据。主要选取："等级航道里程比重"，反映航道的整体技术水平；"等级航道（千吨级航道）覆盖率"，反映干线航道网络的覆盖水平。

B. 航道维护标准。由交通运输部所属航道管理机构按照国家现行标准的规定，结合航道条件和航运需求，合理论证确定。航道维护标准包括航道维护类别、维护尺度及航道维护水深年保证率、航标配布类别、航标维护正常率、过船建筑物年通航时间保证率等，以反映航道及其设施的维护水平。其中，航道维护类别分为一类、二类和三类；航道维护尺度，包括水深、宽度和弯曲半径，最主要的是航道水深；内河航标配布类别分为四类，即一类、二类、三类和重点航标配布。

数据来源及统计方法：《航道管理与养护年报统计制度》。航道维护范围和标准由具有管辖权的航道管理机构研究提出，经省级航道管理机构审核后，报省级交通运输主管部门批准。交通运输部所属航道管理机构负责研究提出其管辖航道的维护范围和标准，报交通运输部批准。其中，长江航道局、长江三峡通航管理局根据管理范围分别编制航道维护范围和标准，经长江航务管理局审核后报交通运输部批准；长江口航道管理局负责编制辖区范围内的航道维护范围和标准，报交通运输部批准。

评价指标：是评价航道及其设施维护水平的重要依据。主要选取："航道实际维护标准水深年保证率"，是指航道按照其等级标准进行养护的年通航保证率，反映航道有效水深时效性达到的水平；"航标维护正常率"，是指正常维护的航标座天数与航标维护总座天数之比，其是全面考核航标质量的指标。

②港口设施设备。是指为完成港口物流最基本的功能而必须具备的设施设备条件，主要反映长江航运的货物集聚条件和物流运作能力。初选指标涵盖范围：港口的区位条件、自然条件及港口资源的利用情况，港口码头及库场生产设施、辅助库场设施，港口集疏运设施，港口相关产业配套情况等方面。

A. 港口岸线长度。港口岸线是港口建设的基础资源，指适宜于建设各种港口码头的岸线，包括一定范围的通航水域和陆域。其反映港口岸线的开发和利用情况。

数据来源及统计方法：港口规划岸线是根据区域经济社会发展规划、城市总体规划、产业布局和土地利用功能区划等相关规划，并结合沿江沿河岸线资源的特点和开发状况，由港口总体规划合理确定，包括已利用港口岸线、规划期内重点建设的岸线和有效保护待开发港口岸线资源。

评价指标："港口岸线开发与相关规划的符合程度"，主要考量港口岸线开发与当地城市总体规划、港口总体规划、土地功能区划中关于该岸线规划的符合程度，包括是否符合深水深用、浅水浅用等原则。该指标主要从宏观角度来考量，可分为完全符合、大体符合、不冲突、不符合四个等级。

B. 码头泊位。指供船舶停靠、装卸货物和上下游客的水工建筑物，是港口的主要组成部分。包括码头泊位个数、码头延长、综合通过能力等。泊位的数量与大小是衡量一个港口或码头规模的重要标志，反映了港口的综合通过能力。

数据来源及统计方法：《港口综合统计报表制度》。一般按泊位的使用性质分为生产性泊位和非生产性泊位；按泊位的主要用途分为通用散货泊位、通用件杂货泊位、专业化泊位。

评价指标："港口集装箱通过能力占比"、"重要港口核心港区集疏运条件"、"内河港口千吨级泊位占比"，其反映港口设施水平。

③运输船舶。主要反映长江航运的运输能力。初选指标涵盖范围：运输船舶拥有量和结构，反映运输船舶的发展规模和大型化、标准化、专业化及其技术水平。

运输船舶拥有量。也称船舶保有量，指一定时期内拥有的用于载运旅客和货物的船舶实际数量，具体包括机动船艘数、登记总吨、净载数量（载重量、载客量、箱位量、车位量）、船舶功率、拖船功率和驳船艘数、净载数量等数据。它表明长江航运业可使用的运输船舶技术属性的最大能力。

数据来源及统计方法：《交通运输综合统计报表制度》。在统计上一般按船舶航行的不同航区、船舶运力、船舶的用途等方式分组。

评价指标："货运船舶平均吨位"，指货运船舶的净载重量与船舶艘数的比值，反映船舶大型化水平；"标准化船舶艘数占运输船舶总艘数的比重"，指满足交通运输部颁布的内河运输船舶标准船型主尺度系列的船舶艘数占全部内河运输船舶艘数的比重，其反映船舶标准化水平；"专业化船舶艘数占运输船舶总艘数的比重"，指LPG运输船、商品汽车运输船、载重汽车滚装船、矿砂船、散装水泥运输船、集装箱船、无舱盖集装箱江海直达运输船、特种化学品运输船、油船、重件运输船、豪华旅游船等专业运输船舶艘数占运输船舶总艘数的比重，其反映船舶专业化水平；"运输船舶平均船龄"，是指运输船舶自建造完工之日起至现今的年限的平均值，可反映船舶的技术状况。

(2)服务保障能力。是指为水路运输服务提供安全保障、通信服务、科技与信息支撑的基础设施、设备及公共服务体系的发展状况和发展水平。衡量指标大体上应当包括保障性基础设施和装备的规模、结构和布局、公共服务能力和信息支撑水平等方面。

①保障性基础设施。水上交通安全保障方面，主要包括水上交通安全监管和应急救助

设施、船舶交通管理系统等方面的技术状况和能力（水上安全监管和救助力量在管辖水域的有效覆盖程度、溢油控制清除能力、抢险打捞能力等）；水上治安和水上消防安全方面，主要包括水域治安和水上消防安全等方面的设施和装备的技术状况和能力（水上治安管控能力、刑侦破案能力和消防灭火救援能力等）；专用通信网络方面，主要包括通信网络的网络类型、线路与设备技术状况；引航方面，主要包括引航站点分布。

A. 安全监管指挥系统在管辖水域的有效覆盖率。指船舶交通管理系统（VTS）、船舶自动识别系统（AIS）、视频监控系统等安全监管系统在管辖水域的有效覆盖程度。反映水上安全监管综合服务水平。

数据来源及统计方法：《海事系统统计报表制度》等相关统计资料。

评价指标：VTS 监视覆盖率、AIS 信号覆盖率。

B. 保障正常率。指长江航运经济活动中，保障系统服务保障工作的效果，是反映支持保障系统各单位综合保障能力的指标。

数据来源及统计方法：航道、海事等支持保障系统部门业务统计资料。

评价指标：航标正常率和航标维护正常率、航道维护尺度保证率、船舶搁浅事故率，反映了航道管理机构保证航道畅通的工作效果（航道维护水平指标中已经选择）；水上安全通信保障正常率，反映通信保障机构保证通信畅通、安全的工作效果；锚地安全指泊率，反映锚地水域安全管理效率；船闸主要设备运行停机故障率、过船建筑物年通航时间保证率，反映了船闸通航管理机构保障船闸畅通、安全的工作效果；引航及时率，反映引航服务的质量。

C. 锚地及船舶停泊区容量。指港口中供船舶安全停泊、避风、海关边防检查、检疫、装卸货物和进行过驳编组作业的水域。长江干线锚地还包括三峡、葛洲坝航运配套待闸锚地。锚地容量是指锚地能同时停泊的最大船舶载重吨级和对应的船舶数量。船舶容量的大小，直接影响着船舶的安全，同时也关系着港口的发展和影响港口吞吐量的大小。

数据来源及统计方法：长江锚地安全管理由海事部门负责，锚地范围（变化调整）管理由航道部门负责，锚地设施管理（维护）由锚地建设单位负责。因此，本指标的数据主要选取海事部门数据。

评价指标："锚地待港（待闸）船舶概率"，是指进港船舶或过闸船舶在锚地等待停泊的概率（锚地停泊的总船舶数 / 进港或过闸船舶艘次），反映锚地的运用情况及进港（过闸）船舶与港口通过能力（通航设施能力）的适应程度。

②科技与信息技术利用水平。科技支撑方面，主要包括配属科学研究与开发机构基本情况、项目（课题）情况、专利申请授权情况及科技基本建设投资和科研经费支出等。信息化水平方面，主要包括航道信息资源的开发利用，信息网络设施、信息技术的研发与应用基础数据库、信息化水平等。

A. 科技成果转化率。指为提高生产力水平而对科学研究与技术开发所产生的具有实用价值的科技成果所进行的后续试验、开发、应用、推广直至形成新产品、新工艺、新材料，发展新产业等活动占科技成果总量的比值。是衡量科技创新成果转化为商业开发产品的指标。

数据来源及统计方法：科技管理部门相关统计资料。目前没有统一的计算口径，统计存在一定的难度。

B. 支持保障系统网络联通率。指支持保障系统网络互联单位数占单位总数的比重。反映信息通信网络基础设施的互联互通和信息资源综合利用水平、行业主管部门业务协同能力和服务水平。

数据来源及统计方法：航道、海事等支持保障系统部门业务统计资料。

C. 行业核心的基础性、战略性数据库建成率。指航道、港口、营运船舶、经营业户、从业人员等行业核心的基础性、战略性数据库的建成程度。

数据来源及统计方法：行业信息化管理部门业务统计资料。目前没有统一的计算口径，统计存在一定的难度。

D. 基础设施和运输装备运行监测网络覆盖率。指标选择依据：反映对基础设施和运输装备的动态监测水平，有利于保障运输系统的畅通、高效，提高其运营管理水平和运行效率。

评价指标："内河干线航道重要航段监测覆盖率"、"重点营业性运输装备监测覆盖率"。

E. 核心业务信息化覆盖率。指行业主管部门在履行职责，满足行业管理、公共服务等各项主要业务信息化覆盖率，包括行政执法、行政审批、运输市场动态运行信息监测、市场诚信体系建设、安全监管与应急处置、公共信息服务等领域业务协同、科学决策和信息服务能力。

数据来源及统计方法：行业主管部门及运营部门相关业务统计资料。

评价指标：行政许可项目在线办理率，反映政务服务信息化水平；物流公共信息平台覆盖率，反映统计范围物流公共信息平台的建设及使用覆盖范围；沿江港口EDI系统覆盖率，反映港口物流信息化水平；航运企业货物跟踪覆盖率，反映航运企业货运与物流服务信息化水平。

(3)资金保障能力。资金是推进基础设施、运输装备优化升级的重要保障，包括公共基础设施、结构调整、安全设施设备、信息化设施设备和应用系统、节能减排和技术研发等方面的资金投入。

①固定资产投资规模和结构。长江航运固定资产投资是指长江航运各环节中（包括航道、港口、支持保障系统等）建造和购置固定资产的经济活动，包括固定资产的更新、改造、扩建和新建等活动，是对长江航运生产设施、设备的增加和供给能力的提升。

水运建设投资额。指航道（含枢纽及通航建筑物）、港口、支持保障系统等基础设施、装备设备建设投资额。反映了长江航运生产设施、设备的资金投入规模。

数据来源及统计方法：《交通固定资产投资统计报表制度》。统计上一般按建设资金来源，可分为国家预算内、交通运输部专项资金、国内贷款、利用外资、地方自筹资金、企事业单位资金和其他七大类。

评价指标：基本建设投资预算执行率、在建项目工程监督覆盖率、单位工程验收合格率。

②建设规模及新增生产能力（或工程效益）。主要包括：本年施工项目数、新开工项目

数，本年建成项目数，建成项目新增生产能力（或工程效益），运输船舶、工作（工程）船购置数量。

基础设施新增生产能力（或工程效益）。指基础设施建设工程的建成投产而新增或改善的生产能力（或工程效益）。反映基础设施建设投入带来的保障能力变化效果。

数据来源及统计方法：《交通固定资产投资统计报表制度》。统计上主要包括"新增和改善航道里程数""新增港口吞吐能力"等指标。

（4）参与主体规模。参与主体的组织机构和人员状况是开展经济技术活动的根本保证。

①行政主体状况。行政主体，主要包括政府主管部门及专业管理机构。范围涉及：管理机构基本情况、人员情况、经费情况，行政执法、行政审批等行政管理情况，人才培养培训情况，职业资格和职业教育管理情况，应急投入资金及反应能力，全员劳动生产率，安全管理水平，环保管理水平，政策支持度。

②市场主体状况。航运服务业的市场主体，包括市场主体数量、结构和从业人员情况。

A. 产业活动单位数。法人单位机构类型包括机关、事业单位、企业、民办非企业单位、社会团体和其他组织机构。反映行业产业活动单位的总体状况。

数据来源及统计方法：统计范围内各统计局、行业主管部门相关统计资料。按产业活动类型可分为：水路运输企业及其辅助业经营户，包括船舶运输企业、船舶代理企业、船舶管理企业、无船承运企业、船舶检验机构、船舶供应服务企业、船舶修理企业；港口经营企业及其辅助业经营户，包括港口经营企业、理货企业；水运工程企业及其辅助业经营户，包括水运工程施工单位、水运工程设计单位、水运工程监理单位、水运工程检测单位；航运衍生业法人单位，包括港口保税区（物流园区）、船舶交易机构、航运经纪企业、航运教育与培训机构；航运管理机构，包括水路运输行政管理部门、事业单位和法律、法规授权的组织。

长江航运产业活动单位规模庞大，在统计时首先需要确定纳入统计范围的标准。一般生产经营企业单位按规模、登记注册类型分类统计；服务性机构按企业资质等级分类统计；管理机构按管理层次分类统计。

评价指标："排名前N家企业产量（产值）所占比重"，指各类产业活动单位中，前N家企业的产量（或产值）占该类产业活动单位总产量（或产值）的比重，反映产业的集中度。

B. 全部从业人员平均人数。指报告期内每天平均拥有的从业人员人数。

数据来源及统计方法：统计范围内各统计局、行业主管部门相关统计资料。从业人员数可按产业活动单位类型分类统计，主要包括水路运输（船员）及辅助业、港口经营（码头作业人员、经营管理人员）、航道养护管理、水路建设（建设管理，工程设计、施工、监理、科研）等水路运输经营单位从业人员和水路运输行业管理单位（行政事业单位）从业人员。重点可统计"直接从事生产经营活动的平均人数"，指报告期内平均实际拥有的、与主营业务活动高度相关的人员数，如"船员数"。

评价指标："从业人员结构"，可按行业人员专业技术能力、学历、年龄分类统计，反映从业人员素质。重点可统计"高级专业人才占专业技术人才的比例"、"高技能人才占技能劳动者的比例"、"行业执法人员大专以上文化程度比例"等。

3.2.3.3 竞争性指标的初选

竞争性指标主要是反映和衡量长江航运经济活动各参与主体的运作效率、效果。内容涵盖以下几个方面：

1）生产产出总量

水路运输生产包括运输船舶水路客货运输量、水路进出港口吞吐量，及为水路运输生产创造条件和提供保障的航道及辅助设施的维护生产工作量、船闸生产作业量、引航作业量等，可全面反映水路生产的规模、水平、结构和比例关系，体现出水路运输为国民经济和社会做出的贡献，及为提高水路运输量和保障水路运输生产安全提供的服务。

（1）船舶运输量。指一定时期内船舶从事营运性生产实际完成的客货运输工作量，包括客、货运量及客、货周转量。

数据来源及统计方法：《交通运输综合统计报表制度》。统计上一般按营业性质、船舶类型、航行区域、货物种类、货物的贸易性质等进行分组统计。

评价指标："船舶运输平均运距"，指一定时期内船舶运送旅客、货物的平均距离，反映了人员、物资水路运输交流范围，是说明运输工作合理化程度的综合指标。

（2）航道交通量。指一定时期内通过航道的船舶和货物流量、流向，包括航道货物通过量和断面船舶交通流量。对于航道上布置的枢纽，其交通量指标主要包括船闸（或升船机）通过量（通过船闸的船舶艘次数、船舶定额吨、客货运量）和翻坝转运量。

数据来源及统计方法：根据航道上相关观测点观测数据统计分析测算。统计上一般按货物种类、船舶类型、运输区域进行分类。也可按船舶载重吨、船舶数量统计船舶流量。

评价指标："航道日均断面船舶交通流量"，指通过航道观测断面的日均船舶流量，反映航道船舶通行的繁忙程度。对于枢纽断面而言，包括日均过闸船舶艘数、日均过闸货物吨数和日均翻坝转运量，平均每闸次通过船舶艘数、货船一次过闸平均吨位。

（3）港口吞吐量。指一定时期内经水运输出、输入港区并经过装卸作业的货物总量，或经水路乘船进、出港区范围的旅客数量。

数据来源及统计方法：《港口综合统计报表制度》。统计上一般按货物流向、货物贸易性质、货物类别、货物物理形态和包装形式、承运船舶种类等进行分组统计。

此外，长江引航由长江引航中心集中统一调度，对外代表国家对进出长江的外国籍船舶实行强制引航，对内为港航企业和船舶单位提供引航服务。衡量指标主要有：引航船舶艘次、总吨、净吨和引航里程，可分国内航线、国际航线分组统计。

2）保障系统效率

保障系统效率指标，主要反映政府管理部门和行业支持保障系统在管理运行上的效率，以及管理和服务的实施产生的效益。

政府部门的管理效率主要体现在政府的政策决策水平、业务工作实绩和效率、政府部门服务承诺落实情况、行政能力建设情况和效率等方面。

专业保障系统效率，主要是指航道、海事、枢纽通航、公安、通信导航等支持保障系统的设施、设备及管理系统运行效率。

（1）水上巡航频次。巡航方式主要分常规巡航和电子巡航。常规巡航是航道、海事、公安等专业管理机构依托工作船艇，开展关于海事、航道、通信、治安消防等方面的安全宣传、航行安全和防污染监视，航道、航标和航标辅助设施巡查，行政执法，抢险救助，规费稽查，运政检查，维护水上无线电通信管理秩序等工作的行为。电子巡航是应用物联网等新一代信息技术构建统一的巡航监控预警平台，通过模拟巡航技术等实现常规巡航的功能要求。巡航频次，是指巡航事件发生的频率或者单位时间内发生的次数，反映通航秩序管理的工作量。

数据来源及统计方法：航道、海事、公安等支持保障部门业务统计资料。基础指标包括巡航次数、巡航时间、巡航航程等。

（2）水上突发事件应急反应时间。指在突发事件发生时，支持保障机构及时、有效的应急响应时间，可反映安全应急水平。

数据来源及统计方法：航道、海事、公安等支持保障部门业务统计资料。

评价指标：航道抢通应急响应时间、水上交通险情（事故）、治安消防事件应急到达现场时间。

（3）水上搜救有效率。指事故、险情发生时，救助力量进行救助的成功率。反映救援力量的救援工作效率。

数据来源及统计方法：航道、海事、公安等支持保障部门业务统计资料。

评价指标：人命救助有效率、船舶救助有效率。

（4）船闸运行效率。指船闸运行调度管理过程中，运行时间内船舶过闸的执行效率。反映船闸运行调度管理的组织功能和服务功能的效率。

数据来源及统计方法：船闸管理部门业务统计资料。

评价指标：日均运行闸次、闸室面积利用率（过闸船舶面积之和 / 闸室调度排挡运用尺度面积之和 ×100%）、过闸船舶平均过闸时间。

3）行业营运效率

行业的营运效率反映了企业的竞争力，衡量指标主要是以实物形式反映长江航运服务企业生产经营活动情况和运用效率的指标，包括企业的生产资源规模、资源获取能力、组织管理水平、技术与开发、生产活动水平、企业运营效率和服务水平。考虑到长江航运市场主体的复杂性，这里主要选取从事航运服务主业的航运企业和港口企业。

（1）吨船产量。平均每吨船生产量，简称吨船产量，是指船舶在报告期内平均每吨位所完成的周转量（换算周转量 / 平均使用船舶数）。吨船产量指标是一个反映航运企业运作效率的综合指标。它也可通过船舶负载率（α）、平均航行速度（$\overline{V}$）、船舶航行率（$\varepsilon_{航}$）、船舶营运率（$\varepsilon_{营}$）四个单元指标与报告期天数（$T_{历}$）的乘积计算得出（$Z=\alpha\times\overline{V}\times\varepsilon_{航}\times\varepsilon_{营}\times T_{历}$）。其中，船舶负载率，反映船舶定额吨位的平均利用程度；船舶营运率，反映船舶平均利用程度；船舶平均航行速度，反映船舶的周转效率。

数据来源及统计方法：《国内航运统计报表制度》等航运企业相关统计资料。一般航运企业的运输量（运量和周转量）可按船舶类型、货物种类、经营区域等分类统计。反映航运企业运作效率的指标还有:吨天产量、船舶总吨（千瓦）天、船舶营运吨（千瓦）天、船舶航行吨（千瓦)天、船舶吨位(千瓦)公里等。

(2)单位运输成本。指运输企业单位运输工作量（换算吨公里）所分摊的运输支出。反映航运企业经营成本,也是与其他运输方式进行比较的重要指标。

数据来源及统计方法:《国内航运统计报表制度》等航运企业相关统计资料。

(3)单位码头泊位长度吞吐量。指报告期内每单位码头泊位长度所完成的吞吐量,也称每米岸线吞吐量。反映泊位资源利用程度。

数据来源及统计方法:《港口综合统计报表制度》。根据统计范围内港口完成的吞吐量和码头泊位长度进行测算得出。

(4)单位码头泊位通过能力利用率。指标释义:是指报告期内码头泊位实际完成的货物吞吐量与码头泊位通过能力的比值。反映泊位通过能力利用程度。

数据来源及统计方法:《港口综合统计报表制度》。根据统计范围内港口完成的吞吐量和码头通过能力进行测算得出。

(5)车、船平均在港停时。指平均每艘运输船舶或铁路专用线的平均每辆货车车辆,每次作业时在港的平均停留时间。反映车、船利用效率,以及集疏运系统的效率状况。

数据来源及统计方法:《港口综合统计报表制度》。

评价指标:货车一次作业平均在港停留时间、日均到港车数,船舶平均每次在港停泊天数、船舶平均每次作业在港停泊天数、船舶平均每装卸千吨货在港停泊时间等。

(6)港口装卸平均日产量。指港口装卸作业的平均效率,包括平均船时量或舱时量（指平均每艘来港停泊和装卸的船舶平均每艘船每小时所装卸的货物吨数或集装箱标准箱箱量)、平均车时量、装卸机械平均台时产量(平均每台装卸机械每作业 1 小时所完成的起运吨数或集装箱标准箱箱量)。

(7)港口库场运用率。指在报告期内库场容量的平均利用程度（库场运用率 = 平均每天货物堆存吨数 / 平均仓容量 ×100%)。也可用每公顷场地吞吐量来反映码头库场资源的利用程度。

(8)单位吞吐量客户支付成本。港口平均每单位吞吐量需要客户支付的作业成本,一般用港口经营单位主营业务收入与同期吞吐量的比值来表示。反映港口企业经营成本。

4)宏观效率效益

企业的宏观效率效益指标,主要是反映企业的盈利能力、发展能力、偿债能力、营运能力、产出效率等方面的情况。

(1)企业生产经营情况。反映企业的生产经营绩效,主要包括期末总资产、期末净资产、运输或营业收入、运输或营业成本、利润。

(2)长江航运景气指数。反映长江航运的宏观经济发展状况及其变化的过程。包括:长江航运景气指数(亦称长江航运企业综合经营景气指数)、长江航运信心指数(亦称长江航运宏观经济景气指数)、客货运输景气指数及企业运营指标指数等。

(3)长江航运运价指数。反映长江航运市场的运价水平。包括:长江干散货运价指数、长江集装箱运价指数等。

(4)成本费用利润率。成本费用利润率是企业一定期间的利润总额与成本、费用总额的比率,体现了企业经营耗费所带来的经营成果。它是衡量企业盈利水平和成本水平的一个综合指标,也可用主营业务收入成本率来反映。

利润中还包括其他业务利润,而其他业务利润与成本费用没有内在联系,分析时,还可将其他业务利润扣除。成本费用一般指主营业务成本、主营业务税金及附加和三项期间费用。

(5)资产利税率。指在一定时期内已实现的利润、税金总额与同期的资产(固定资产净值和流动资产)平均总额之比。该项指标体现了企业的全面经济效益和对国家财政所做的贡献。

(6)从业人员平均工资。指在一定时期内从业人员工资总额与从业人员平均人数之比。

(7)全员劳动生产率。是将水路运输业(港口行业)增加值或换算周转量(港口吞吐量)除以同一时期相应的全部从业人员的平均人数来计算,是企业生产技术水平、经营管理水平、职工技术熟练程度和劳动积极性的综合表现。

3.2.3.4 可持续性指标的初选

可持续性指标,反映长江航运经济技术活动与经济社会、资源、环境的和谐程度。内容涵盖以下几个方面:

1)安全发展指标

安全发展指标,反映长江航运经济技术活动的安全性。包括安全生产事故指标、职业健康安全指标和安全管理体系指标。其中安全生产事故指标反映了安全生产事故的现状,是制定安全控制指标的基础;安全管理体系指标反映安全生产主体责任的建设情况,包括企业安全生产主体责任、安全标准体系、应急救助、安全质量等建设水平。

(1)单位产值(产量)安全生产事故死亡率。安全生产事故,包括水上交通事故、港口生产安全事故、建设施工安全事故及火灾事故等。单位产值(产量)安全生产事故死亡率是指各类生产安全事故死亡人数与相应的单位生活活动量的比率。说明了相应的长江航运生产活动的安全状况,反映了行业安全发展水平。

数据来源及统计方法:《交通运输安全生产事故统计报表制度》及相关统计资料。安全生产事故指标主要包括事件件数、死亡人数、直接经济损失,水上交通事故还包括沉船艘数指标。通过分别获取统计范围生产活动量指标和安全生产事故指标进行测算。

评价指标:水上运输单位换算运输周转量死亡率、港口生产单位吞吐量死亡率。

(2)水上交通重特大事故比例。水上交通事故按照人员伤亡和直接经济损失情况,可分为小事故、一般事故、大事故、重大事故、特大事故等不同等级。重特大事故危害性较大,也是管理部门防范的重点。水上交通重特大事故比例一定程度上反映了安全管理的成效。也可用"万艘运输船舶重特大事故比率"来反映。

2)生态环境指标

生态环境指标,反映长江航运发展的资源集约节约利用效率、与环境的协调性及相关保障体系与机制。主要包括能源资源消耗利用指标、污染物排放和环境保护指标等。

（1）单位产值（产量）综合能耗。指单位生产活动量所消耗的各种能源的综合量。相对于港口企业而言，主要是指港口企业每万元收入或单位吞吐量的能源消耗量；相对于航运企业而言，主要是指航运企业营运船舶单位运输周转量综合能耗；相对于支持保障系统而言，主要是指其单位工作（工程）船舶综合能耗；相对于公共管理机构而言，主要是指人均能源消耗量或单位建筑面积能源消耗量。它说明了长江航运经济活动中对能源的利用程度，反映了能源消费水平和节能降耗状况。

数据来源及统计方法：《交通运输综合统计报表制度》《港口综合统计报表制度》等相关统计资料，分别获取统计范围能源消耗总量和生产活动量。

评价指标："营运船舶单位运输周转量综合能耗"，评价区域营运船舶单位运输周转量需要消耗的能源数量，即营运船舶能源消耗量 / 营运船舶运输周转量。"港口生产单位吞吐量综合能耗"，评价区域港口完成的单位吞吐量实际平均消耗的燃料量，即港口生产能源消耗量 / 港口吞吐量。

（2）单位产值（产量、工作量）污染物排放量。污染物排放总量与相应的生产量呈线性正相关。单位产值（产量、工作量）污染物排放量又称污染物产生系数，相当于每万元产值、单位吞吐量（运输量、工作量）的某种污染物的排放量，是衡量长江航运经济发展对环境影响的一种宏观指标。

数据来源及统计方法：《交通运输综合统计报表制度》《港口综合统计报表制度》等相关统计资料。主要污染物排放量包括船舶运输的油品、化学品溢出量，船舶生产消耗燃料废气、作业油污水、生活污水、生活垃圾排放量，港口生产废水、粉尘等排放量。

评价指标："营运船舶单位运输周转量二氧化碳排放量"，评价区域营运船舶完成单位运输周转量实际平均排放的二氧化碳量，即营运船舶二氧化碳排放量 / 营运船舶运输周转量。"港口生产单位吞吐量二氧化碳排放量"，评价区域港口完成的单位吞吐量实际平均排放的二氧化碳量，即港口生产二氧化碳排放量 / 港口吞吐量。二氧化碳排放量一般根据生产单位各种能源消耗数据进行测算。

（3）清洁能源利用率。指长江航运生产活动中清洁能源使用量与终端能源消费总量之比。反映长江航运生产活动中节能环保利用情况。

数据来源及统计方法：港航管理部门相关统计资料。所谓清洁能源是指消耗后不产生或很少产生污染物的一次能源和二次能源，主要包括船舶运输使用的液化石油气等清洁燃气、电能等。终端能源消费总量是指一定时期内生产和生活消费的各种能源在扣除了用于加工转换二次能源消费量和损失量以后的数量。

评价指标："节能环保型营运船舶占比"，指天然气动力、混合动力、电能动力等船舶数占统计范围营运船舶总数比重。

（4）污染物无害化处理率。指相应于某种污染物无害化处理量占产生总量的百分比。反映了污染治理的能力。

数据来源及统计方法：港航管理部门相关统计资料。

评价指标：港口固体废物无害化处理率、港口生产单位废水排放达标率、运输船舶生活垃圾回收率、运输船舶生活污水排放达标率，反映污染物无害化处理效率；船舶溢油防污染应急处置能力，指船舶及其有关作业活动发生油类、油性混合物和其他有毒有害物质泄漏造成的水域环境污染事故时，控制清除船舶溢油能力。

3）内部协调指标

行业发展内部协调性主要包括生产资源、生产运作和支撑系统的协调。范围涉及：运输生产与基础设施、装备设备等综合能力的协调程度，规划与建设的协调性，规模及发展目标的合理性，运输生产协调性。

（1）能力适应度。指综合运输能力与换算运输量之比，反映供给与需求的适应程度。

评价指标：码头泊位通过能力利用率（码头泊位吞吐量 / 码头泊位通过能力）、船舶运力利用率（船舶运输换算周转量 / 投入营运的船舶运力）、过闸货船平均吨位等。

（2）不平衡运输系数。指报告期内最高的季（或月、旬、日）货运量（吞吐量）与平均货运量（吞吐量）的比例。它可反映货运量（吞吐量）在时间上的不均衡性。

（3）干支（江海）运输量所占比重。指报告期内干支直达或江海直达的运输量与航道总通过量的比例。它可反映航道的干支、江海衔接程度和通达性。

（4）港口水水中转量所占比重。水水中转是指将货物以水路运输的方式，由启运港经中转港转运至目的港的运输模式。水水中转可以分为沿江中转、内河与沿海（国际）支线中转等几种模式。水水中转反映了港口的枢纽地位。

（5）区域港航基础设施布局及结构优化情况。评价区域港航基础设施在发展规划实施、建设及网络优化等方面的落实情况和发展水平，包括港口、航道等基础设施在网络联通度、结构优化、总体等级提升等方面的综合发展水平。

数据来源及统计方法：通过查看港口结构调整、航道整治与等级提升等有关规划制定与实施情况进行测算。

4）外部协调指标

行业发展外部协调性主要包括与综合运输体系的协调性、与经济社会发展的协调性、与资源环境的协调性、与政策的协调性等。

（1）水路运输量在综合运输体系中所占比重。指水路运输量（客货运量、客货周转量）占综合运输总量的比例。反映水路运输在综合运输体系中的地位。

（2）港口集装箱（大宗散货）铁路集疏运量所占比重。指港口集装箱铁水联运量或煤炭、矿石、粮食、化肥等大宗散货铁路集疏运量占港口吞吐量的比例。反映铁路货运站场与港区无缝衔接程度。

（3）货运弹性系数。指货物运输量增长变化率与 GDP 的增长变化率的比值。反映货运量与 GDP 的相关关系。

（4）外贸货物吞吐量所占比重。指区域内港口外贸货物吞吐量占总吞吐量的比重。反映国际货运服务水平。

（5）航运企业诚信度。以社会公众的评判为主要根据而评判航运企业守信用的程度。反映行业的诚信水平。

3.2.4　关键性指标的筛选

常用的关键性指标的筛选方法有德尔菲法、专家会议法、层次分析法、结构方程模型法等。本研究主要选用专家会议法，充分利用专家的经验和学识。

专家会议法是指根据规定的原则选定一定数量的专家，按照一定的方式组织专家会议，发挥专家集体的智能结构效应，对长江航运经济技术指标的关键性指标做出判断的方法。

从长江航务管理局行业管理的角度出发，结合关键性指标的初选结果，在专家个人判断和专家会议法的基础上，形成了长江航运经济技术指标体系关键性指标，见表 3-1。

长江航运经济技术指标体系关键性指标　　表 3-1

准则层	子准则层	序号	指标层（关键指标）	统计范围
一、保障性指标	（一）生产供给能力	1	千吨级航道覆盖率	长江水系支流
		2	航道有效通过能力	长江干线航道
		3	码头泊位综合通过能力	沿江港口
		4	专业化泊位通过能力占比	沿江港口
		5	运输船舶拥有量（艘数 / 净载重量）	长江水系
		6	货船平均吨位	长江干线（可根据断面船舶流量数据测算）
	（二）服务保障能力	7	航道维护尺度保证率	长江干线航道
		8	航标维护正常率	长江干线航道
		9	实时运行监测覆盖率	长江干线重要航段、重点营业性运输船舶（“四客一危”船舶）
		10	船闸闸室面积利用率	三峡船闸和葛洲坝一、二号
	（三）资金保障能力	11	固定资产投资规模和结构	沿江省市水运固定资产投资（航道、港口和支持保障系统等）
		12	建设项目投产率	长江干线基本建设项目
	（四）参与主体规模	13	从事水运行业经营户数和从业人员平均人数	长江沿江省市，包括运输企业、港口生产企业及航运辅助业
		14	长江水域从业船员数及持证船员结构	海事系统注册
二、竞争性指标	（一）生产产出总量	15	船舶运输量（客、货运量及客、货周转量）	长江水系省（市）
		16	长江干线航道交通量（货物通过量 / 日均断面船舶交通流量）	长江干线（包括三峡断面货物通过量）
		17	港口货物吞吐量	长江沿江港口
	（二）保障系统效率	18	水上交通应急到达时间	长江干线水域（险情、事故，航道抢通）
		19	水上搜救人命救助有效率	长江干线水域
		20	过闸船舶平均过闸和待闸时间	三峡船闸
	（三）企业营运效率	21	吨船产量（船舶负载率、船舶营运率）	重点联系企业
		22	平均吨公里运输成本	重点联系航运企业或重点航线
		23	单位码头泊位长度吞吐量	重点联系港口企业
		24	船舶平均在港停时	重点联系港口企业
		25	港口（集装箱）装卸费率	重点联系港口企业
	（四）宏观效率效益	26	长江航运景气指数	
		27	长江航运运价指数	
		28	企业盈亏面	重点联系企业

续上表

准则层	子准则层	序号	指标层(关键指标)	统计范围
三、可持续性指标	(一)安全发展指标	29	单位产量水上交通事故死亡率	长江干线(货物通过量或港口吞吐量)
		30	水上交通重特大事故比例	长江干线
	(二)生态环境指标	31	单位产量综合能耗	长江干线重点航运企业(运输周转量)、重点港口企业(吞吐量)、长江航务系统(工作量)
		32	单位产量二氧化碳排放量	长江干线重点航运企业(运输周转量)、重点港口企业(吞吐量)
	(三)内部协调指标	33	港口码头泊位通过能力利用率	长江沿江港口
		34	班轮准班率	长江干线班轮航线
	(四)外部协调指标	35	水路运输量在综合运输体系中所占比重	长江水系省市
		36	集装箱(大宗散货)铁路集疏运量所占比重	长江沿江港口

3.3 指标体系的组织实施与运用

3.3.1 组织实施

体系功能的发挥关键在运行,只有运行了才能进一步发挥指标体系的作用,才能更好地发挥长江航运经济技术指标体系在引导、监测、比较、评价等功能。我们建议长江航运经济技术指标体系由长江航务管理局组织实施。

1)成立指标体系实施与评价机构

建议成立专门机构或指定部门负责指标体系的组织实施与评价。其主要职责是:具体负责指标体系的实施和评价工作的开展;负责行业基础信息资源的调查和基础数据库的建设;定期汇总整理指标体系中的相关统计数据;定期汇总指标体系中的相关评价数据;开展指标体系的应用研究。

2)建立和健全支撑体系运行的规范性制度

强化综合统计部门和经济运行分析部门的组织领导和协调专业统计工作的能力,在遵循相关统计制度的基础上,建立能够高效实施长江航运综合统计调查、专项统计调查和专项指标评估工作机制,完善信息资源共享与更新机制,全面改善数据质量,数据更新及时率满足应用需求。

3)加强科研工作,完善指标体系

长江航运经济技术指标体系是一个开放式的、静态与动态相结合的指标体系,有些综合指标的含义、计算方法、分类标准都有待进一步完善,部分指标借鉴于相关科研成果,以现有的统计数据或统计调查还难以满足数据生成要求,需要进一步加强相关应用研究工作。

3.3.2 实施推进

3.3.2.1 收集与核实基础数据

1）数据获取渠道体系研究

（1）统计调查方法。所谓统计调查就是根据预定的目的、要求和任务，运用各种科学的调查方法，有计划、有组织地搜集有关现象的各个单位的资料，对客观事物进行登记，取得真实可靠的原始资料的工作过程。

统计调查搜集来的资源主要有两种：一种是被调查单位未做任何加工整理的原始资料，另一种是经过某个部门或地区加工整理过的、能在一定程度上说明总体数量特征的统计资料。

根据不同的调查目的，选择适当的调查方法和组织方式是统计调查的关键所在。统计调查方法按调查对象可分为：普查、统计报表、抽样调查、重点调查、典型调查等。但各自之间存在一定的优缺点和应用范围。

（2）调查方法的选择。长江航运各种经济技术现象及其发展的过程较为复杂，必须用多种调查方法，才能搜集到较为丰富的基础资料。而且任何一种调查方法都有其优越性和局限性，有不同的实施条件，单独采用一种方法，难以较好地反映长江航运各种经济技术现象的真实情况。根据《中华人民共和国统计法》的有关规定和交通运输统计工作的现状，结合长江航运行业主管部门的职责职能，长江航运经济技术指标体系中所需的基础数据的获取方法目前宜采用以统计报表方法为主，并辅以抽样调查和典型调查相结合的方法；在条件成熟的情况下，可适当地选择普查的方法作为基础。

统计报表制度为主体。目前，交通统计报表制度较为完善，行业统计指标体系中的统计信息量较大，长江航运经济技术指标体系中大部分指标数据直接或间接来自于行业统计数据。

抽样调查和典型调查为辅助。统计报表制度主要是反映水路基础设施的存量和生产的“实物量”统计，反映长江航运服务水平的结构调整指标，发展质量、效率和效益的指标，基本公共服务的民生指标，可持续发展的指标，对长江航运经济技术现象的监测和评价指标，在统计报表制度上还比较薄弱，尚不能由此全面获取所需数据，还需要通过抽样调查和典型调查等方法，来弥补统计报表制度下的结构性缺陷、信息不足和信息时效性的滞后。

普查完善基础。对于长江航运基础设施、投入产出、人力资源等，有必要进行定期普查，了解其基本的发展情况，为相关推算工作打好基础。通过周期性的普查，有利于深入把握长江航运各种经济技术现象的最新发展状态，分析市场供求关系，监督企业经营活动，为有关部门进行规划、组织、管理、指导、控制、监督和检查提供依据，参见表 3-2。

调查方法比较分析　　表 3-2

方　法	优　点	缺　点	适用范围
普查	调查范围广； 调查的资料全面详细	工作量大，代价高； 组织复杂，难度高； 调查不能深入、细致	主要应用于较大范围的对经调查对象基本情况的全面了解

续上表

方法	优点	缺点	适用范围
统计报表	可获得可靠、全面、稳定的资料； 时效性强	人、财、物力花费大； 调查者与被调查者之间的配合存在难度； 上报过程易受人为干扰	调查对象管理强度高、调查的指标比较固定，适用于总量指标，时期指标
抽样调查	费用较低，灵活方便； 时效性强； 可检查、补充、修正全面调查的资料	主观性较大； 缺乏评价的客观标准	适用于不可能或不必要全面调查的现象； 时效性较强的调查； 与其他调查方法结合
重点调查	可调查较大的项目或指标； 省时省力； 取得资料及时	重点单位与一般单位的差别较大，有时不能用重点调查的结果来推算总体调查的情况	当调查任务只要求掌握总体的基本情况，而且总体中存在重点单位时
典型调查	能深入实际、搜集详细的第一手资料； 机动灵活，提高调查的时效性	调查单位的选择受主观影响，不能保证所选单位具有代表性； 准确性和可信性难以控制	适用于专项研究，主要用于定性分析、补充和验证全面调查的数据，推论或测算有关现象的总体

2）数据采集方案

本次研究所涉及的指标，其基础数据依托行业统计报表、业务统计报表和管理业务数据。指数数据来源和测算主要有以下几种方式：直接来源于统计报表或业务报表；来源于相关规划、指导性文件、基础设施布局文件；专门机构测算的数据。从指标数据的可操作性出发，在基础工作方面还存在一定的不适应：

（1）指标体系涉及的基础数据众多，对于“统计报表”和“业务报表”，目前现有的统计渠道还未能全面掌握。

（2）一些指标如产业活动单位情况，涉及统计范围较广，其数据完整性存在较大难度，全口径计算存在诸多困难。

（3）一些指标如可持续发展方面的指标，测算牵涉的因素较多，是一个颇为活跃的研究领域，有必要对部分指标的计算方式、方法进一步论证，准确界定各自的概念与内涵，明确测算标准。

针对目前长江航运基础数据采集方面存在的不足，我们拟构建统计报表与调查相结合的数据采集方法体系，并构建基础数据库。

（1）对于直接来源于统计报表制度下的指标数据和利用相关统计数据进行推算的指标数据，建立数据采集责任体系，专人负责基础数据的采集和基础数据库的录入工作。

（2）对于需要通过抽样调查和典型调查获取的指标数据，在长航局重点联系企业单位名录的基础上，根据每年企业的变化情况，动态调整样本企业名录，对确定后的样本企业，采用定期报表制度进行统计分析。

（3）加强基础数据的核实，确保数据的真实性、完整性及口径一致。

3.3.2.2 整理、统计数据与测算

（1）对于统计类指标，在确保口径一致的条件下进行汇总整理，或按照规定的计算方法进行统计计算。

（2）对于需要评价或测算的指标，可深化研究评价或测算的机制和方法，采取定期评价或测算的方法进行数据集成。

3.3.2.3 总结、分析

指标体系的实施部门原则上每年提交一份指标体系的指标数据。因此，在完成相关数据的整理、统计和测算工作后，应总结、分析整个指标体系的实施工作，并对具体指标值的变化情况进行分析比较，形成年度分析报告。

3.3.3 结果运用

指标体系的实施工作是行业管理部门公共服务的职责之一，是服务领导决策的重要参考，是引导行业发展的重要依据，是指导企业经营的重要信息。长期以来，作为长江航运行业主管部门，长江航务管理局在经济运行分析活动中做了大量工作，建立了较为完善的经济运行分析机制。长江航运经济运行分析的成果在指导政府决策、行业管理和企业经营方面也发挥了重要作用。但目前由于受各种条件的限制，经济运行分析的覆盖面和深度受到一定的局限，也没有系统的经济运行分析指标体系要求。而借助长江航运经济技术指标体系，有利于提高决策的前瞻性和科学性，改变以往决策中以定性和经验分析为主的情况，增强指导性，避免决策失误带来的风险和损失。

3.4 研究展望

随着长江航运的转型发展，长江航运经济技术指标呈现新的需求。而作为长江航运经济技术指标依托的基础之一的长江航运统计工作目前存在一定的复杂性和限制因素，且统计分析方法在实践中也需要进一步完善。因此，在该领域应进一步展开深入研究，主要包括：

（1）探讨长江航运统计指标获取渠道的完善措施及相关统计调查方法，研究如何利用信息化手段加强现有制度的整合、提高基础数据生产的及时性、准确性。

（2）完善“四个交通”、“四个长江”发展理念背景下的长江航运经济技术指标体系和组织实施方法，探讨如何更好地发挥指标体系服务行业管理部门的作用。

（3）进一步完善关键性指标及其统计分析方法，探讨其在实践中的应用。

第 4 章

长江航运现代化指标体系构建

4.1 长江航运现代化发展环境

4.1.1 经济社会现代化发展趋势

1)经济新常态与供给侧结构性改革

根据有关研究成果,到 2050 年,中国经济战略将完成两次转变:第一次是为 2020 年前,将从规模增长型向质量进步型的转变;第二次是 2050 年前,从质量进步型向创新福利型的转变。2020 年前中国经济可能由依靠积累和投资的增长推动经济规模的增长,转变为依靠技术进步、投资和消费的增长,推动经济质量的进步。

目前,我国经济进入新常态,同时大力推动供给侧结构性改革。今后一段时期,经济增长从高速增长转为中高速增长,经济结构不断优化升级,从要素驱动、投资驱动转向创新驱动,经济发展方式由外延扩张型向内涵集约型转变、由规模速度型向质量效率型转变,第三产业占比上升,第二产业中传统工业占比下降、新兴产业占比上升,逐步化解过剩产能,减少无效和低端供给,扩大有效和中高端供给。

2)生态优先与绿色发展

绿色是永续发展的必要条件和人民对美好生活追求的重要体现。2016 年 1 月,在重庆召开推动长江经济带发展座谈会上,习近平总书记强调"长江是中华民族的母亲河,也是中华民族发展的重要支撑。推动长江经济带发展必须从中华民族长远利益考虑,走生态优先、绿色发展之路,使绿水青山产生巨大生态效益、经济效益、社会效益,使母亲河永葆生机活力。当前和今后相当长一个时期,要把修复长江生态环境摆压倒性位置,共抓大保护,不搞大开发"。2016 年印发的《长江经济带发展规划纲要》,把打造生态文明建设的先行示范带摆在战略定位的第一位,而且把大力保护长江生态环境放在了规划任务的首要位置。

未来将大力构建长江绿色生态廊道，顺应自然，保育生态，强化长江水资源保护和合理利用，加大重点生态功能区保护力度，加强流域生态系统修复和环境综合治理，稳步提高长江流域水质，显著改善长江生态环境。

3）新型工业化与产业结构调整

2030 年前，中国经济现代化的战略要点是完成新型工业化和信息化。实现工业化仍然是我国现代化进程中艰巨的历史性任务，党的十八大报告提出要“坚持走中国特色新型工业化”。所谓新型工业化，就是坚持以信息化带动工业化，以工业化促进信息化，就是科技含量高、经济效益好、资源消耗低、环境污染少、人力资源优势得到充分发挥的工业化。

目前长江流域作为我国重化工业和现代制造业的核心区域之一，正处于工业化中期，并将逐步迈向工业化后期发展。沿江地区工业化将进入加速升级期，重化工业仍将保持快速发展的态势。同时，依托创新驱动促进产业转型升级，推动沿江产业由要素驱动向创新驱动转变，大力发展战略性新兴产业，加快改造提升传统产业，大幅提高服务业比重，引导产业合理布局和有序转移，培育形成具有国际水平的产业集群，推进信息化与产业融合发展，充分利用互联网、物联网、大数据、云计算、人工智能等新一代信息技术改造提升传统产业，培育形成新兴产业。

4）新型城镇化与区域协调发展

深入推进西部大开发，大力促进中部地区崛起，积极支持东部地区率先发展，形成分工合理、特色明显、优势互补的区域产业结构，推动各地区共同发展，这是党中央根据我国当前区域发展实际情况和全面推进现代化建设提出的要求。

《长江经济带发展规划纲要》提出了“一轴、两翼、三极、多点”的格局，以沿江综合运输大通道为轴线，以长江三角洲、长江中游和成渝三大跨区域城市群为主体，以黔中和滇中两大区域性城市群为补充，以沿江大中小城市和小城镇为依托，促进城市群之间、城市群内部的分工协作，强化基础设施建设和联通，优化空间布局，推动产城融合，引导人口集聚，形成集约高效、绿色低碳的新型城镇化发展格局，增强城市可持续发展能力，全面提高长江经济带城镇化质量。

5）外向型经济与全方位对外开放

全方位对外开放是发展的必然要求。长江黄金水道以其通江达海的优势，在我国对外经济贸易方面占有独特的重要地位，长江经济带也是我国对外贸易最活跃的地区。当前国家正大力推进“一带一路”战略，长江经济带是“一带一路”重要的组成部分和连接纽带，国务院批复的 11 个自贸区，长江经济带占据 5 席。

今后，长江经济带将立足上中下游地区对外开放的不同基础和优势，着力构建长江经济带东西双向、海陆统筹的对外开放新格局，因地制宜提升开放型经济发展水平。一是发挥上海及长江三角洲地区的引领作用，加快复制推广上海自贸试验区改革创新经验，带动长江经济带更高水平开放。二是将云南建设成为面向南亚东南亚的辐射中心，提升中上游地区向东南亚、南亚开放水平。三是加快内陆开放型经济高地建设，推动区域互动合作和产业集聚发展，打造重庆西部开发开放重要支撑和成都、武汉、长沙、南昌、合肥等内陆开放型经济高地。四是加强与丝绸之路经济带的战略互动。

6)现代农业与社会主义新农村建设

虽然中国工业化进入了中期发展阶段,但中国是一个农业大国,农业依然比较落后,“农业、农村、农民”的三农问题事关全面建设小康社会大局。今后中央将调整投资方向,把国家对基础设施建设投入的重点转向农村,统筹城乡发展,推进社会主义新农村建设。

长三角地区农村比较发达,解决“三农”问题的基础比较好,将在实现农业现代化和社会主义新农村建设上,率先实践、率先破题。中游地区历来是我国重要的商品粮基地,农业基础条件较好,以加强粮食生产基地建设为重点,积极发展现代农业,加快农业结构调整,切实改变农村面貌。上游地区农村相对落后,将在重庆、成都统筹城乡综合配套改革试验区的带动下,以经济建设为中心,大力推进社会主义新农村建设,不断提高农民的收入,改善农民的生活水平。

4.1.2 相关行业现代化发展趋势

1)主要工业

(1)钢铁工业

将进一步转变钢铁产业粗放发展方式,技术水平、创新能力再上新台阶,并不断开展新钢材的技术攻关;加快调整钢铁产业布局,进一步发挥宝钢、鞍本、武钢等大型企业集团的带动作用,推动其他钢铁集团完成重组;加大国内铁矿资源的勘探力度,例如支持武钢恩施等现有矿山的深度开采,鼓励四川攀西地区钒钛资源综合利用,整合开发安徽霍邱地区铁矿资源等;信息化进入核心应用,逐步实现管产销一体化。

(2)能源工业

沿江能源工业将加大资产兼并和重组力度,逐步关停小火电机组,大力发展大容量、高参数机组;大力发展清洁煤炭、高效、安全开发和利用技术,并力争达到国际先进水平;重点研究开发冶金、化工等流程工业和交通运输业等主要高耗能领域的节能技术与装备;积极开发水电,加快发展核电,风能、太阳能、生物质能等可再生能源取得突破并实现规模化应用。

(3)石化工业

按照一体化、园区化、集约化、产业联合的发展模式,统筹重大项目布局;对企业进行升级改扩建,逐步淘汰工艺技术落后、安全隐患大、环境污染严重、资源利用不合理的落后产能,实现节能减排;推动大型石化集团开展战略合作与兼并重组,优化产业布局和资源配置;加大国内石油资源勘探开发力度,稳定石化产业原料的国内供给;利用信息技术与互联网,提高生产、管理流程智能化水平。

(4)汽车工业

推进汽车产业重组,鼓励一汽、东风、上汽、长安等大型汽车企业在全国范围内实施兼并重组;实施新能源汽车战略,推动纯电动汽车、充电式混合动力汽车及其关键零部件的产业化;实施汽车产品出口战略,加快国家汽车及零部件出口基地建设;利用信息技术提高汽车制造水平与企业管理水平；利用网络技术优化供应链管理，提高产品流通效率。

（5）电子信息产业

完善产业体系，确保骨干产业稳定增长，着重增强计算机产业竞争力，加快电子元器件产品升级，推进视听产业数字化转型；通过加大投入，实施集成电路升级、新型显示和彩电工业转型、第三代移动通信产业新跨越、数字电视推广、计算机提升和下一代互联网应用、软件及信息服务培育六大工程，鼓励引导社会资金投向电子信息产业。

2）交通运输业

交通运输是国民经济中基础性、先导性、战略性产业，是重要的服务性行业。构建现代综合交通运输体系，是适应并把握引领经济发展新常态，推进供给侧结构性改革，推动国家重大战略实施，支撑全面建成小康社会的客观要求。2017年2月，国务院印发《"十三五"现代综合交通运输体系发展规划》。总体目标是：到2020年，基本建成安全、便捷、高效、绿色的现代综合交通运输体系，部分地区和领域率先基本实现交通运输现代化。网络覆盖加密拓展，综合衔接一体高效，运输服务提质升级，智能技术广泛应用，绿色安全水平提升。

今后五年将重点围绕完善基础设施网络化布局、强化战略支撑作用、加快运输服务一体化进程、提升交通发展智能化水平、促进交通运输绿色发展、加强安全应急保障体系建设、拓展交通运输新领域新业态、全面深化交通运输改革这8个方面，加快推进现代综合交通运输体系发展。

3）现代物流业

全国规划重点发展九大物流区域，建设十大物流通道和一批物流节点城市，优化物流业的区域布局。

九大物流区域分布中长江流域主要有：以上海、南京、宁波为中心的长江三角洲物流区域，以武汉、郑州为中心的中部物流区域，以重庆、成都、南宁为中心的西南物流区域。十大物流通道长江流域主要有：东部地区南北物流通道，中部地区南北物流通道，西北与西南地区物流通道，长江与运河物流通道。全国性物流节点城市长江流域包括：上海、南京、宁波、杭州、武汉、重庆、成都等。区域性物流节点城市包括合肥、南昌、长沙、昆明、贵阳等。

未来现代物流业发展趋势主要表现在：一是大力推进物流服务的社会化和专业化，二是加强物流基础设施建设的衔接与协调，三是推动重点领域物流发展，四是加快国际物流和保税物流发展，五是提高物流信息化水平。

4）水资源综合利用方面

"十一五"期以来，开展了新一轮长江流域综合规划的修编工作。修编后的《长江流域综合规划》将成为规范各部门水事行为的依据。水资源的利用将由流域综合治理和开发为主向水资源可持续利用、合理利用、加强保护、严格管理转变，更加注重协调好流域人与水的关系、人与河流的关系，协调好经济社会发展与水资源承载能力、水环境承载能力之间的关系，协调好各个地区、各个行业、各个部门在利用河流过程中的利益关系，充分体现新时期、新阶段对流域治理、开发、保护和管理的要求。

今后的重点工作有：一是加快水资源和水能资源骨干工程建设，抓紧实施流域内重点灌区的续建配套和节水改造，加快重点城市和重点地区水源工程建设。二是进一步规范水电开发行为，在切实满足生态与环境需水的前提下，加快上游地区骨干水电工程的建设步伐。三是加大干支流通航河流的航道整治力度，不断提高运输通过能力和利用率。四是在满足流域内经济社会和生态需水的同时，加快南水北调工程和区域调水工程的实施步伐，缓解流域内外缺水地区的供需矛盾。五是优化利用岸线，合理调整已利用的岸线，开发新岸线，合理控制与利用洲滩，提高岸线利用价值。六是加快水生态环境保护工程建设，维系河流优良生态。

4.2 长江航运现代化战略 SWOT-PEST 分析

4.2.1 SWOT-PEST 分析方法理论概述

1）SWOT 分析

SWOT 分析法又称为态势分析法，是一种综合考虑竞争主体内部条件和外部环境的各种因素，进行系统评价，从而选择最佳战略的方法。其中：S（Strengths）优势，主要是在竞争中拥有明显优势的方面；W（Weaknesses）劣势，主要是在竞争中相对处于弱势的方面；O（Opportunities）机会，主要是较之竞争对手更容易获得的、能够轻松地带来收益的机会；T（Threats）威胁，主要是不利的趋势或发展带来的挑战。

2）PEST 分析

PEST 分析是战略外部环境分析的基本工具，用于分析组织所处宏观环境对于战略的影响。P（Politics）政治，是指对组织经营活动具有实际与潜在影响的政治力量和有关的法律、法规等因素；E（Economy）经济，是指一个国家的经济制度、经济结构、产业布局、资源状况、经济发展水平及未来的经济走势等；S（Society）社会，是指组织所在社会中成员的民族特征、文化传统、价值观念、宗教信仰、教育水平及风俗习惯等因素；T（Technology）技术，是指相关的新技术、新工艺、新材料的出现和发展趋势及应用前景。

3）SWOT-PEST 模型

SWOT-PEST 模型就是将 SWOT 分析和 PEST 分析两种方法融合起来对组织的内部微观环境和外部宏观环境条件各方面内容进行综合和概括，进而系统分析组织具有的优劣势、面临的机会和威胁的一种方法。SWOT-PEST 分析的一般步骤：

（1）基于 PEST 的优势与劣势分析（SW）。通过对组织自身所拥有的各种内、外部资源进行系统分析，发现组织自身的优势与劣势，确定资源与能力方面的关键影响因素。

（2）基于 PEST 的机遇与挑战分析（OT）。通过对不同层次环境因素进行总体分析，进而找出外部环境中存在的机会与威胁，确定关键影响因素。

(3)构造 SWOT-PEST 矩阵。采用列表法,将获取的各项因素按影响程度大小排序,找出关键因素,构造 SWOT-PEST 矩阵,并进行因素综合评价,见表 4-1。

SWOT-PEST 矩阵　表 4-1

SWOT-PEST		政策 P	经济 E	社会 S	技术 T
内部因素	优势 S	SP	SE	SS	ST
	劣势 W	WP	WE	WS	WT
外部因素	机遇 O	OP	OE	OS	OT
	挑战 T	TP	TE	TS	TT

4.2.2　长江航运现代化战略 SWOT-PEST 分析

1)长江航运现代化战略发展的优势

(1)国家和各级政府高度重视长江航运的发展。“十二五”以来,国家出台了一系列支持长江等内河航运发展的战略, 2011 年《国务院关于加快长江等内河水运发展的意见》(国发〔2011〕2 号)的出台,标志着长江航运上升成为国家战略;2014 年《国务院关于依托黄金水道推动长江经济带发展的指导意见》(国发〔2014〕39 号),进一步明确了长江航运的战略地位。2016 年《长江经济带发展规划纲要》正式印发,以长江黄金水道为依托的长江经济带发展拉开序幕。与此同时,交通运输部沿江各级政府更加重视长江水运发展,多次召开高层会议,并相继出台了一系列政策和措施,支持长江航运的发展。

(2)长江流域地区经济实力较强、产业基础雄厚。长江横跨我国东中西三大区域,具有独特优势和巨大发展潜力。长江经济带 11 省市,面积约 205 万平方公里,人口和生产总值均超过全国的 40%,是我国经济最具活力、综合实力最强的区域之一。目前,已形成了较为完备的重化工业、加工制造和高新技术的产业组织和分工体系,形成了钢铁、石化、能源、汽车、机电、轻纺、建材等具有国际竞争力的战略产业集群,全国 500 强企业有近 200 家分布在沿江地带,成为全球重要的制造业生产基地之一。

(3)长江航运的综合竞争力强。一是独具的区位优势。长江干线连接东西,支流沟通南北,是统筹区域经济与对外贸易协调发展的重要纽带。二是优越的航运资源。在我国“两横一纵两网十八线”的高等级航道布局规划中,长江水系有“一横一纵一网十线”,在全国主要港口布局中,长江水系占有 23 个。三是巨大的货物运输能力。2016 年长江干线完成货物承载量达到 23.1 亿吨,多年来一直是世界上运量最大的河流,特别是在大宗货物、集装箱运输方面的优势不可替代,沿江地区每年有 85% 煤炭和铁矿石要通过长江来运输,上海港的外贸集装箱约 90% 来自长江流域。

(4)长江航运是长江经济带立体交通走廊的主骨架。长江黄金水道以其巨大的运输能力与通江达海的优势,已成为沿江综合运输通道的主骨架,特别是在能源和重要基础原材料运输方面具有不可替代的优势。长江经济带 11 省市铁、公、水三种运输方式货运市场的份额中,水路货运量和货物周转量分别占 20% 和 60% 左右。长江港口一般是当地的核心枢纽，连接公路、铁路，是推进多式联运和现代物流发展的核心。同时，从各种运输方式的技术经济特征来看，长江航运具有运能大、投资省、成本低、效率高、运距长、能耗低、污染少等比较优势。

(5)信息服务体系不断完善，科技创新成果不断涌现

一方面，大力实施信息化发展战略，不断加大信息化基本建设投入，在基础设施、应用系统、数据资源、规划标准、管理机制等方面都取得了显著成绩，在提高支持保障能力和运输服务质量等方面发挥了积极的作用。另一方面，加大了科技投入，开展了大批科技项目的研发，形成了一批先进、适用的成果，其中不少在国内甚至国际上领先，例如：初步形成了具有长江航道特色的航道整治成套技术和特殊工艺、研制出“HD100型太阳能一体化航标灯”等国家专利技术。

2)长江航运现代化战略发展的劣势

(1)长江航运系统的法律体系不够完善。虽然国家颁布实施了《中华人民共和国航道法》、《中华人民共和国港口法》等一系列法律法规，各省市也先后出台了规范港口、运输、航道管理等地方性法规和政府规章，但是仍不能适应长江航运的发展。一是随着经济社会的发展，现有的部分法律已不能适应新形势、新要求，需要进行修订，同时一些行业性、专业性强的法律迟迟没有出台，需要加快立法进程；二是各省市针对本地区航运发展的地方性法规和政府规章的立法和修订工作承载加强，不同专业、不同层次法律法规间的衔接、互补不够。

(2)长江航运结构不尽合理。从航道来看，长江干线没有进行系统的整治，上游航道技术等级不高，碍航仍在相当部分河段存在，而且支流航道的等级普遍偏低；从港口来看，存在港口布局不尽合理，专业化运输系统不完善，港口现代物流服务功能不完善，港口经营和管理水平相对较低等问题；从运力来看，存在航运企业规模小、民营企业多、专业化运力比重低等问题，而且船舶标准化、专业化水平不高，安全技术状况参差不齐。

(3)长江航运在水资源综合利用中的地位依然不高。长期以来，航运在水资源综合利用中的地位一直不高，导致部分其他涉水行业占用了航运资源，阻碍了航运发展，其中最突出的就是通航建筑物与跨河桥梁的问题。长江水系特别是上游的一些支流，很多水利枢纽要么没有配备通航建筑物，要么通航建筑物通过能力严重不足，严重阻碍了内河水运的发展。目前三峡船闸待闸成为常态。长江流域的桥梁中绝大部分是20世纪兴建，由于对航运快速发展的估计不足，桥梁与航运间的协调也缺乏统筹考虑，随着船舶大型化趋势的加快，部分桥梁净空、净宽已不符合内河通航标准。

(4)从业人员的整体素质不高。从管理的角度来看，行政管理人员与执法人员的公共服务意识有待提高，同时港航高级管理人才、专业技术人才、各类物流专业技术人才、物流复合型人才等比较缺乏。从全行业来看，从业人员业务素质、综合能力有待提升，专业知识和人员结构有待优化。特别是部分船员安全意识淡薄，而且进行船舶机械、设备和仪器及其外来的货物和设施的操作、使用、维护保养的综合能力不强，还有部分船员甚至没有相应的适任证书。

3）长江航运现代化战略发展的机遇

（1）当前是发展长江航运的最佳时期。一是《长江经济带发展规划纲要》明确提出要加快航道整治工程、健全智能服务和安全保障系统等一批重大工程，有效解决制约长江航运发展的瓶颈问题。二是新的长江航运行政管理体制正式建立，形成“五个统一”（统一政令、统一规划、统一标准、统一执法、统一管理）和“一体化管理、一条龙服务”的模式，并开始良好运行。三是合力共建的良性机制基本形成。中央成立了推动长江经济带发展领导小组及办公室，交通运输部建立了推动长江经济带交通运输发展部省联席会议制度，长航局创造性地建立了与沿江省市的“2+N”合作机制，形成了良性互动的发展局面。

（2）全面建设小康社会给长江航运发展带来广阔的发展机遇。一是长江沿江地区经济的平稳较快增长，扩大内需政策的实施，将给长江航运发展带来持续的驱动力。二是经济结构调整与新型工业化战略的实施，将给长江航运带来更多的运输需求，长江航运的发展空间巨大。三是新一轮沿长江经济带发展，区域间的合作与交流对长江航运的依赖将越来越大。四是沿江城市化进程的加快，基础设施建设与相关配套设施建设更加需要长江航运的支撑。

（3）在“生态优先”的大背景下，发展长江航运将成为首选。首先，从土地占用方面看，我国加速的人口城市化造成城市的土地稀缺性不断强化，基本农田保护的硬约束也使土地资源更加短缺，长江航运占地少的优势更加明显；其次，在能源消耗方面，水运在完成单位运量和周转量上，居于多种运输方式中耗能最低位置，未来交通运输占国家能源消耗的比重不断提高，如果更多地选择水运，可以大大缓解能耗压力；第三，从环境污染方面看，随着经济的发展，汽车尾气对空气的影响越来越大，这些外部环境都使得长江航运的优势凸显。

（4）实施创新驱动发展战略给长江航运智能化发展提供了保障。《中华人民共和国国民经济和社会发展第十三个五年规划纲要》中明确提出“创新是引领发展的第一动力。必须把创新摆在国家发展全局的核心位置，不断推进理论创新、制度创新、科技创新、文化创新等各方面创新，让创新贯穿党和国家一切工作”。同时，国家加快实施“互联网 +”行动计划，促进互联网深度广泛应用，带动生产模式和组织方式变革，形成网络化、智能化、服务化、协同化的产业发展新形态。这些都为长江航运大力开展科技创新，把创新成果转化为实实在在的生产力，实施“互联网 + 长江航运”行动计划提供了平台。

4）长江航运现代化战略发展的挑战

（1）经济新常态对长江航运的影响。一方面将影响长江航运需求总量由高速增长向小幅增长并趋于平稳的态势转变，受运力供应过剩等因素影响，长江航运市场集中度低，港航企业市场竞争力和抗风险能力弱，运输生产经营将更加困难。另一方面，对运输服务提出了更高要求，以后不仅仅是量的需求，它还有质的要求，包括安全、高效、低成本、一体化、多样性等高端需求，尤其是“互联网 +”的快速发展，对长江航运综合信息服务的需求要求越来越高。

（2）保障安全的责任和任务，越来越高。目前，长江航运安全监管和应急救助能力，还不能很好地适应公众对安全的需求。随着经济社会和水运事业的发展，水路运输越来越繁忙，通航环境越来越复杂，加之近年来气候环境变化导致突发事件频发，对做好水上交通安全工作提出了新的更高要求;此外水污染、治安犯罪、恐怖主义、火灾等等都可能给沿江人民的生命、生活造成严重的威胁,长江航运保障安全的责任和任务越来越重。务必采取更有力的措施,着力提高长江航运安全保障的能力。

(3)综合交通的发展给长江航运提出新的要求。随着《关于加快发展现代交通业的若干意见》《物流业调整和振兴规划》的相继出台,给长江航运的发展提出了新的要求。作为综合交通体系与物流的重要组成部分,长江航运如何更好地融入综合运输体系,促进现代交通业的发展,如何推进长江航运向现代物流业和服务业转型,不断提高水运发展质量和效益等,都需要做深入的研究和探索。

(4)航运发展需要协调的问题很多。长江航运建设的建设规模大、质量要求高、资金缺口大,需要协调的问题很多。一是需要与其他涉水部门进行协调。航道整治与港口建设涉及国土、水利、环保、渔业等多个部门,同时又要统筹考虑工农业、旅游休闲、城市生活等多个方面。二是长江航运系统本身需要协调。长江航运的建设要协调好整体与局部、近期与长远的关系,协调好省际、上下游、左右岸之间的关系,长江航运各要素、各从业部门之间也都需要协调。能不能解决好这些协调问题,都关系到长江航运发展的根本基础。

综上所述,尽管长江航运现代化发展面临诸多问题与挑战,但我们更应该看到长江航运仍处于发展的重要战略机遇期,发展的优势大于劣势、机遇大于挑战,长江航运仍将呈现平稳较快发展的态势。需要通过加大建设力度、提升科技含量、完善法律法规体系、实施管理体制改革、加强人才队伍培养、建立协调机制等一系列战略措施,发挥优势、抓住机遇、克服劣势、解决挑战,不断推进长江航运的现代化发展。

4.3 长江航运现代化指标体系构建

4.3.1 长江航运现代化的内涵

长江航运现代化是沿江地区现代化对航运的需求。综合分析目前的沿江经济社会乃至我国社会的宏观环境和发展形势,结合现代化理论相关研究成果,从长江航运发展实际现状出发,我们认为长江航运现代化应包括以下三个层面。

一是物质层面的现代化,即技术现代化:拥有世界先进水平的水运基础设施、装备和服务体系,结构合理、功能比较完善,与其他运输方式相互协调,现代科学技术和信息技术得到广泛应用,形成安全、畅通、便捷、高效、文明、清洁的智慧型水路交通运输系统。

二是制度层面的现代化,即管理现代化:航运资源合理开发、高效利用、有效保护和优化配置,航运法规体系和规划体系完善,安全监管和应急处置反应快速,物流运作专业、高效,行业管理民主、科学,监管执法规范、有力。

三是思想文化观念层面的现代化，即观念现代化：发展理念领先，以人为本、统筹兼顾、合力建设和全面协调可持续发展。

这三个层面相辅相成、密切结合，构成长江航运现代化的整体运行。发展现代长江航运是主线，提升长江航运核心竞争力是关键，服务长江航运、服务沿江经济、服务流域百姓是基本要求，统筹全局、全面建设、协调发展是根本方法。

因此，长江航运现代化的基本内涵应当是：长江航运畅通、高效、平安、绿色、文明、健康，拥有布局合理、结构优化、技术先进并具有世界先进水平的航运基础设施和技术装备，管理体制和服务体系运转高效，航运资源配置合理，行业文明和谐程度高，适应并适度超前沿江经济社会发展需求，比较优势充分体现，在综合运输体系中地位稳固和作用突出，为我国经济社会发展提供强有力的运输支撑。

《国务院关于加快长江等内河水运发展的意见》提出的建成畅通、高效、平安、绿色的现代化内河水运体系，长江航务管理局提出的平安长江、数字长江、阳光长江、和谐长江“四个长江”均是对航运现代化的基本诠释。我们认为，“四个长江”更能体现长江航运现代化的内涵。平安长江是长江航运现代化的基本前提，数字长江是长江航运现代化的主要支撑，阳光长江是长江航运现代化的重要保证，和谐长江是长江航运现代化的总体要求。平安长江、数字长江以物质层面为主，阳光长江以制度层面为主，和谐长江主要体现在发展理念层面。“四个长江”建设是各具特色又各有侧重、相互关联的有机整体，共同构成了长江航运现代化建设的核心内容。

4.3.2　长江航运现代化的特征

结合长江航运现代化的内涵和基本要求，提出长江航运现代化的特征指标体系见图 4-1。

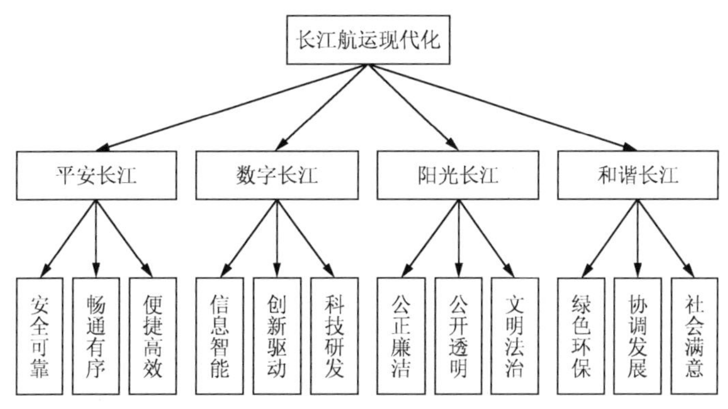

图 4-1　长江航运现代化特征指标图

1）平安长江

安全可靠：航道、港口、船舶、支持保障系统安全技术状态优良，事故率低，安全事故预防和应急保障能力强，安全监管机制体制完善，监管执法有力，应急机制健全，应急处置高效，长江航运系统有较高的安全可靠性，为社会所信赖。

畅通有序：长江水系国家高等级航道全面实现规划标准，地区重要航道技术状况大幅提高，干支通畅，江海直达范围明显延伸，港口基础设施完备，运力结构合理，通航秩序优良，货畅其流，人便于行。

便捷高效：长江水系航道网络层次分明、通达性好，港口布局合理、功能齐全、专业高效，服务质量好，运输船舶大型化，标准化船舶和专业化船舶装备先进、结构合理，集疏运快速高效，现代航运服务达到较高水平。

2）数字长江

信息智能：长江航运信息服务体系一体化，数字技术、信息技术、智能技术覆盖行业，具有能与其他运输方式衔接的智能化运输管理系统，智能长江航运基本实现。

创新驱动：科研创新环境优良，通过创新带动行业战略型发展，行业新增长点有效涌现，行业专利申请、专利授权等方面具有相当规模，自主创新和持续创新能力强。

科技研发：不断提高行业科研投入和引进高新技术，科技成果转换率不断提升，新技术、新材料和新工艺及高科技产品在行业中得到广泛应用，科技贡献率不断提高。

3）阳光长江

公正廉洁：行政管理规范，执法公正，社会公众对行业管理有较高的信任度；依法办事，为政清廉，法纪严肃，监督到位，高效快捷，求真务实，社会反响良好。

公开透明：政府与企业沟通平台顺畅，管理部门及时公开执法监管信息，企业对管理部门权力运行和执法服务测评满意，政府形象和亲和力不断改善。

文明法治：法律体系健全，行业政策完善，市场机制合理，宏观调控到位，行政执法机制高效，市场竞争公平，行业发展理念深入人心，从业人员职业素养高，社会责任感强，行业社会形象优良。

4）和谐长江

绿色环保：行业发展与资源、环境相协调，航运能耗小，污染少，清洁可靠等比较优势有效发挥，行业污染防治效果显著，环境友好，生态和谐。

协调发展：干支通达、江海联运，与其他运输方式合理衔接，在综合运输体系中地位稳固，与相关涉水产业和谐发展，航运资源合理利用和有效保护，满足并适度超前经济社会发展需求。

社会满意：行业服务和谐安全，运输主客体需求充分满足；从业人员权益得到切实尊重和保障，思想道德、文化素质明显提高，行业自豪感强，社会认同感高。

4.3.3 体系构成

长江航运现代化战略目标体系的建立。根据长江航运现代化的内涵和特征，现代化目标体系框架分为四个层次，第一层次是目标层，即实现长江航运现代化的目标；第二层次是内涵层，包括平安长江、数字长江、阳光长江、和谐长江 4 个方面的内涵，第三层次是特征属性层，包括安全可靠、畅通有序、便捷高效、信息智能、创新驱动、科技研发、公正廉洁、公开透明、文明法治、绿色环保、协调发展、社会满意 12 个指标。第四层次是分解目标指标层，包括 22 个细化分解指标。

针对目前长江航运发展的现状与环境，构建了长江航运现代化指标体系，其中包含 75 项四级指标，见表 4-2。

长江航运现代化战略目标体系表　　表 4-2

<table>
<tr><th colspan="2">项目</th><th>分目标指标</th><th>涵盖的指标或方面</th></tr>
<tr><td rowspan="5">平安长江</td><td rowspan="2">安全可靠</td><td>安全指数</td><td>长江航运事故率、水上事故直接伤亡率、水上搜救装备配备水平、港口安全水平等</td></tr>
<tr><td>航运可靠度</td><td>通航环境与通航秩序等级、船舶适航率、港航企业整体管理水平等</td></tr>
<tr><td rowspan="3">畅通有序</td><td>航道尺度保证率</td><td>航道维护尺度、高等级航道里程等</td></tr>
<tr><td>航运通达性</td><td>干线量 / 通过能力、过闸滞留率、泊位通过能力利用率、船舶平均在港停时等</td></tr>
<tr><td>规划完备率</td><td>港航规划完备率、港口岸线合理利用率等</td></tr>
<tr><td rowspan="5">数字长江</td><td rowspan="2">发展进步</td><td>行业贡献率</td><td>长江干线货运量、港口吞吐量、投入产出比、船舶营运率、长江航运对沿江经济的贡献等</td></tr>
<tr><td>发展状况指数（以密西西比河为参照系）</td><td>干线运量比、港口装卸效率比、船舶营运效率比、单位运输成本比等</td></tr>
<tr><td rowspan="3">科技创新</td><td>电子政务率</td><td>电子海图完备率、数字航道建设里程、航道图优良率、航运信息共享率等</td></tr>
<tr><td>电子商务率</td><td>电子口岸 / 物流信息平台覆盖率等</td></tr>
<tr><td>科技贡献率</td><td>科技投入产出率、科技投入对航运的相关度等</td></tr>
<tr><td rowspan="3">阳光长江</td><td>公正透明</td><td>管理公正度</td><td>政务公开程度、信息共享率</td></tr>
<tr><td>文明法制</td><td>文明指数</td><td>法规政策完备程度、管理制度健全程度、行业管理投诉率等</td></tr>
<tr><td>廉洁高效</td><td>健康指数</td><td>行业管理监督机构有效性、服务诚信度、行业影响力等</td></tr>
<tr><td rowspan="9">和谐长江</td><td rowspan="2">以人为本</td><td>船东满意度</td><td>船东满意度、船员满意度等</td></tr>
<tr><td>职工满意度</td><td>从业人员综合素质水平、人均收入水平等</td></tr>
<tr><td rowspan="3">便捷高效</td><td>航道标准化率</td><td>航道通过能力达标率、航道建设投入产出率等</td></tr>
<tr><td>航运高效性指数</td><td>船舶专业化率、货运船舶平均吨位、船型标准化率等</td></tr>
<tr><td>港口适应度</td><td>港口机械化率、港口集疏运水平、专业化泊位利用率等</td></tr>
<tr><td rowspan="2">协调公平</td><td>公平度指数</td><td>市场开放程度、港口与标准船型的匹配度等</td></tr>
<tr><td>协调性指数</td><td>不同载运工具完成单位运量占用资源量、长江航运对国家宏观战略的适应度等</td></tr>
<tr><td rowspan="2">清洁环保</td><td>水资源开发利用率</td><td>与水资源等开发的协调程度等</td></tr>
<tr><td>航运能耗指数</td><td>港口能耗水平、货运船舶平均单位能耗、船舶污染的治理能力、节能新技术产品应用水平等</td></tr>
</table>

4.3.4 重点指标定义

综合考虑目标的典型性和可测性，在“突出重点、覆盖全面、量化操作”原则指导下，最终确定了四个具有代表性的指标，分别为：百万吨死亡率、货运船舶平均吨位、干线航道里程规划达标率和营业性船舶燃油消耗变化率。

1)百万吨死亡率

百万吨死亡率是指统计期内长江干线水上交通事故所导致的死亡人数与同期长江干线完成总运量的比率，它主要反映了长江干线航运安全状况和应急、救助等水平，从平安角度衡量长江航运现代化水平。在总的运输经济增长背景下，安全保障措施的完善程度、航运安全管理水平的提高程度能够直接反映航运现代化安全建设水平和发展速度。2008 年长江干线百万吨死亡率分别为 3.69%，与 2007 年的 5.49% 比较，呈下降趋势。测算公式为：

$$\text{百万吨死亡率}=\frac{\text{统计期内长江干线水上交通事故死亡人数}}{\text{统计期长江干线总运量（以百万吨计）}}\times 100\%$$

2)货运船舶平均吨位

货运船舶平均吨位是指统计期内货物船舶总运力（载重吨）与货运船舶总艘数的百分比，反映了统计期长江干线货运船舶的运力结构、综合运输水平和航道通过能力，从高效和畅通两个方面综合衡量长江航运现代化水平。货运船舶平均吨位是一个逐步增长的长期发展过程，其发展水平与经济社会的现代化进程和内河水运的发展阶段及水平密切相关。提高货运船舶平均吨位必将提升长江干线的规模运输效率和行业生产力水平及竞争能力。2008 年长江干线货运船舶平均吨位为 800 吨，与 2007 年的 750 吨比上升了 6.25%。测算公式为：

$$\text{货运船舶平均吨位}=\frac{\text{统计期长江干线货物船舶总载重吨}}{\text{统计期长江干线货动船舶总艘数}}\times 100\%$$

3)干线航道里程规划达标率

干线航道里程规划达标率是指统计年度长江干线达到 2020 年航道规划目标的航道里程占 2020 年航道规划总里程的百分比，该指标重点反映航道建设、疏浚和维护水平，航道干支通达性及长江重要河口沙滩等重要卡口河段改造程度等。该指标从畅通角度衡量长江航运现代化发展水平。根据长江航道局统计资料，2008 年长江干线航道里程规划达标率为 14.37%。测算公式为：

$$\text{规划达标率}=\frac{\text{统计年度长江干线达到2020年目标的航道里程}}{\text{2020年干线航道规划总里程}}\times 100\%$$

4)营业性船舶燃油消耗变化率

营业性船舶燃油消耗变化率是指统计年度长江干线营业性船舶发动机平均每千瓦小时燃油消耗量与上年同比差值的绝对值与同期营业性船舶燃油消耗的比率，客观地反映长江干线营业性船舶节能降耗水平、船舶技术状况和行业节能降耗管理强度等。长江营业性船舶平均能耗是指营业性船舶发动机每千瓦小时所消耗的燃料总量（按柴油计）。该指标与船舶空载率、航道坡降、水流流速、主机技术水平、货物种类、船舶种类、航速、停泊时消耗水平、燃料价格等很多因素有关，需要综合考虑。船舶能耗管理不善或船舶的大型化标准化均可能使船舶主机平均能耗加大，而船舶标准化和强化管理后，船舶平均能耗将逐渐趋于均衡，因此，营业性船舶燃油消耗变化率将能在一定程度上反映适航船舶合理能耗水平，该指标主要从绿色角度衡量长江航运现代化发展水平。鉴于目前只有长江水系的营业性船舶燃油消耗统计数据，本指标以水系为评价标准。根据长航统计年鉴测算，2008 年长江水系营业性船舶燃油消耗变化率为 15.45%，变化率大于 15%，说明长江干线营业性船舶能耗管理还有待加强。测算公式为：

$$\text{营业性船舶燃油消耗变化率}=\frac{\text{统计年度营业性船舶燃油平均能耗}-\text{上年营业性船舶燃油消耗}}{\text{统计期长江干线营业性船舶燃油消耗}}\times 100\%$$

第5章

长江干线货物通过量测算理论与方法

5.1 测算原理与数据特征分析

5.1.1 测算基本原理

本书所指的长江干线是指从长江上游云南水富到下游长江口之间的2838公里长江干流水域，不含长江支流。所指的长江干线货运量实际上为长江干线货物通过量，即报告期内通过长江干线航道的船舶载运货物重量之和，包括干线与干线、干线与海（支流）及海（支流）通过干线与海（支流）的交流量，不同于沿江地区的运输工具所完成的货运量概念。按港口发送情况分，长江干线货运量由干线港口到达量、干线港口到海（支流）港口的发送量、海（支流）港口通过干线到海（支流）港口的发送量等三部分组成。按照上述界定，长江干线货物运输示意图见图5-1～图5-3。

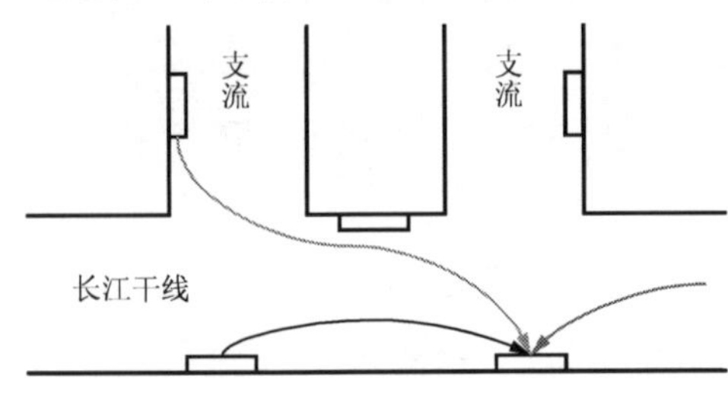

图5-1　干线港口到达量示意图

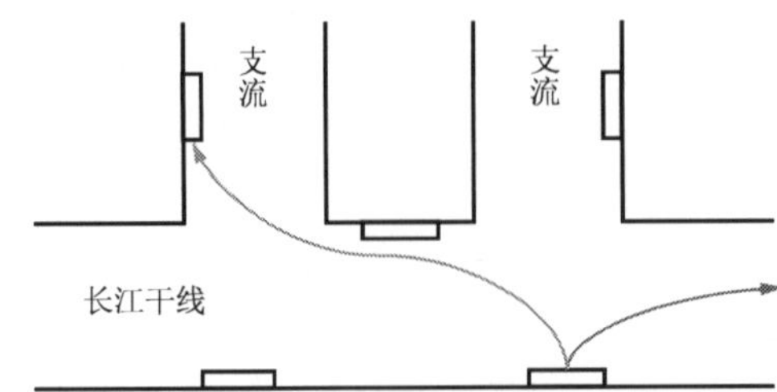

图5-2　干线港口到海（支流）港口的发送量示意图

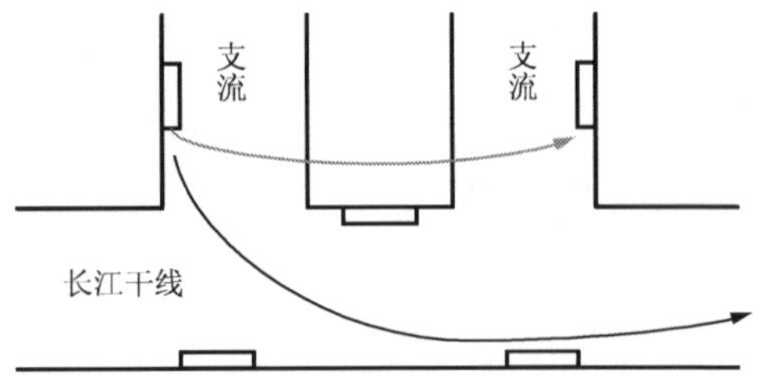

图5-3　海（支流）港口通过干线到海（支流）港口发送量示意图

货物周转量为报告期内运送的货物吨数和它的运输距离的乘积。本书所指的长江干线货物周转量为长江干线通过货物的周转量，是报告期内通过长江干线的每批货物重量与该批货物运送距离的乘积之和，但运输距离最长仅局限于水富至长江口干线范围。若一批货物从武汉通过长江干线运输至国外，则其货物周转量为该批货物重量乘以武汉至长江口的空间距离。

5.1.2　数据特征分析

基于上述对长江干线货运量及货物周转量测算原理的分析，此两个数据具有如下特征。

一是区域性数据难以反映。长江干线货运量及货物周转量概念与沿江各省市所统计的区域货运量和货物周转量概念差异较大，两者关联度不强。沿江各省市统计数据是基于各地区所注册运输船舶完成量的统计，无法判断是否是通过长江干线进行运输的，而且外国籍船舶进入长江所完成的量也无法反映，而长江干线货运量及货物周转量包含外国籍船舶的完成量。因此，长江干线货运量及货物周转量完成情况难以从沿江各省市已有的统计数据中直接获得。

二是基础数据量较为庞大。基于现有的统计数据初步分析，长江干线货运量及货物周转量计算所需的基础数据主要有两方面，一是船舶海事签证信息；二是港口货物装卸及航线信息，相应的数据量十分庞大。相关数据显示，近年来长江海事局每年完成船舶签证 65 万余艘，通过海事签证系统登记的签证信息量超过 100 万条，相应信息量必然也反映在港口装卸方面。此外，长江干线还有四川省地方海事、江苏海事及上海海事等多个海事管理机构，信息量更为庞大。

三是数据处理分析较复杂。无论是船舶海事签证信息还是港口装卸信息，并非都是测算所需要的基础数据，需要对信息进行筛选处理，如支流未经过长江干线进入支流的信息需要剔除。与此同时，还应避免重复统计情况，如在港口装卸信息方面，一个单位货物运输至另一个港口，干线货运量统计为 1，而港口吞吐量统计为 2。因此，若要较为准确地计算长江干线货运量及货物周转量，其数据分析处理环节是较为复杂的。

5.1.3　测算原则

长江干线货运量及货物周转量测算方法应切合长江航运发展实际，基础数据获取便捷，可操作性较强，能较为客观真实地反映长江水路货物运输现状。主要测算原则如下：

一是操作性原则。充分尊重现有统计基础，与当前行业管理体制相适应，以现有的统计调查、统计报表及业务系统资料为基础，辅以必要的抽样调查进行补充、校验，最大限度地降低测算过程中人为主观因素的影响，力求简便易行。

二是创新性原则。基于对现有测算思路和方法的认识，结合相关研究成果和理论进行创新，使之更为科学合理。同时，数据处理分析工作也应有所突破，要充分利用信息化手段，完善基础数据获取方式、处理方式和管理方式。

三是实用性原则。货运量及货物周转量数据可以为行业管理部门、港航企业决策提供参考，因此，测算方法应满足数据使用者的实际需求，既要考虑准确性，也要考虑时效性，即要满足在一个测算周期尚未结束前进行估算的需要，也要满足在测算周期结束后进行较为准确的测算及对前期估算结果进行调整的需要。

四是延续性原则。长江干线货运量及货物周转量测算是一项长期性的基础工作，因此，测算体系应力求制度化、规范化、标准化，使测算工作能持续、有效运行下去。

5.2 测算方法

根据上述测算原理及测算原则，综合考虑数据获取的可能性，拟采用基于调查统计的OD测算法、基于现有统计制度的统计测算法及基于数理推算的数学模型测算法三种方法对长江干线货运量及货物周转量进行测算研究。

5.2.1 基于调查统计的OD测算法

1）测算思路

OD测算法是起讫点测算法，是基于对长江船舶航行起点O（Origin）和终点D（Destination）进行调查统计后进行测算的。通过在长江干线布设若干个OD调查点，对航行船舶进行OD调查，获取当天船舶船载货物的货种结构、货运量及货物流向等信息，并绘制形成长江干线货物运输OD表（根据需要可细化成分货种OD表），其中OD点名称，在长江干线上的以地名标识（城市或港口名），在支流（海）上的则以支流（海）为标识，见表5-1。

长江干线货物运输OD表（××货种） 表5-1

O/D	宜宾	泸州	……	……	上海	嘉陵江	岷江	……	……	京杭运河	海
宜宾											
泸州											
……											
上海											
嘉陵江											
岷江											
……											
京杭运河											
海											

在获得某一天OD数据的基础上，结合历年长江干线各主要断面船舶流量观测数据，计算日不均衡系数、月不均衡系数，将当日OD扩样成全年OD。若开展OD调查所需的人力、物力、财力等基础条件良好，则可每月开展一次OD调查，根据日不平均系数扩样成为每月OD数据，通过月度累加得到全年OD，将有助于进一步提高基础数据和测算结果

的准确性。

将全年 OD 间的货运量汇总加和，即得到通过长江干线的货运量；将 OD 间货运量与 OD 间的空间距离（支流取河口处）相乘并汇总加和，即可得到长江干线货物周转量。

2）测算方案

（1）OD 调查点的设置。长江干线 OD 调查点应设在能够准确、全面观测所在航段交通量，而且便于登船调查的水域，可在长江沿线各主要港口附近、船闸上下水附近及干支流交叉处（支流河口处）等地设置调查点。根据目前长江沿线主要港口、船闸及支流分布情况，大约需要设置 40~50 个 OD 调查点。

（2）OD 调查的实施。为保证调查点精度，原则上要求对每艘船舶均进行调查，即 100% 全样调查。

对于 OD 调查点设置在长江航道上的，一般航道采用双向 OD 调查，在三叉、四叉河口，则采用三向或四向 OD 调查，仅调查由调查点中心往外行驶的船舶，见图 5-4。一般而言，航道上每个方向至少需要一组调查人员，对于船舶流量较大的长江下游地区则每个方向需要 2~3 组调查人员。

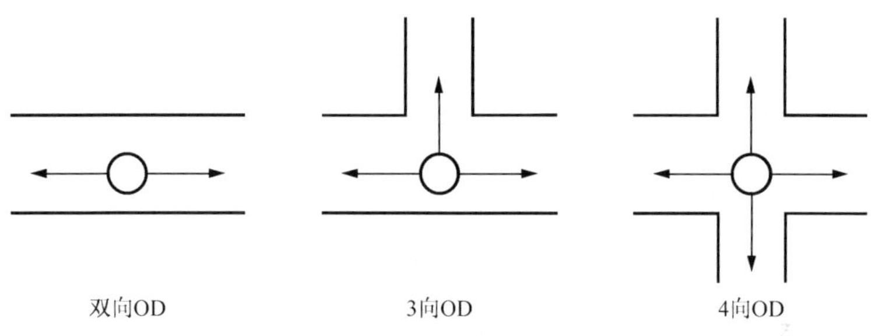

图 5-4 航道 OD 调查方法示意图

根据实际情况，可采用人工调查和信息通信调查两种方式实施。人工调查主要由海事管理部门协助统计调查人员上船，询问船舶航行起讫点、货种、货运量等信息，并填入相应的调查表格；信息通信调查主要借助于 GPS（全球定位系统）、AIS（船舶自动识别系统）、VHF（船岸通信系统）等信息技术，实现 OD 调查点与船舶间的信息交流，从而获取船舶航行起讫点、货种、货运量等信息，并自动生成标准统一的数据表格。通过 OD 调查形成的表格示例见表 5-2。

长江航道 OD 调查表格示例 表 5-2

调查点名称：芜湖 调查方向：上行 调查时间：8:00-9:00							
船名	船舶类型	额定吨位	实载吨位	货类	运量	出发地	目的地
华运 9 号	干货船	5000	3000	煤炭	3000	芜湖	武汉
……	……	……	……	……	……	……	……

对于 OD 调查点设置在船闸附近的，可在船舶报送过闸信息时，要求其报送航行起讫点、货种流量流向等相关信息，或通过船闸通航调度系统与船方取得联系，询问相关信息。

(3)OD 调查数据处理。将原始数据录入电脑，利用统计软件进行整理、分析，并对录入原始数据进行有效检查，确保数据处理能够在真实基础上进行。在进行数据分析时，应结合历年长江干线断面船舶交通流量观测资料、三峡过闸统计资料等数据进行比对，以利于总体把握。

(4) OD 扩样。通过对 OD 调查数据的处理，形成了初始 OD 表，将 O 与 D 之间的交流量分别记为：A_{ij} 和 A_{ji}，则初始 OD 见表 5-3。

长江干线货物运输初始 OD 表 表 5-3

O/D	宜宾	泸州	……	……	上海	嘉陵江	岷江	……	……	京杭运河	海
宜宾	0	A_{12}			…	…	…				A_{1n}
泸州	A_{21}	0									
……			0								
上海	…				0						…
嘉陵江	…					0					A_{in}
岷江	…						0				…
……									0		
京杭运河										0	
海	A_{j1}				…	A_{ji}	…				A_{nn}

上述 OD 表反映的是某一天长江干线上的货流情况，将上述 OD 求和即为当天的长江干线货运量 A 天。

$$A_{天} = \sum_{i=1,\, j=1}^{n} A_{ij} \tag{5-1}$$

在此基础上，根据长江海事管理部门断面日均船舶交通流量观测数据，测算日均和月均不平衡系数后，与当天长江干线货运量 $A_{天}$相乘即可得到扩样后长江干线年货物通过量 $A_{年}$。

$$A_{年}=A_{天}\times\xi_{日}\times\xi_{月} \tag{5-2}$$

其中：

$$\xi_{日}(日均不平衡系数)=\frac{当日船舶流量总和}{月日均船舶流量}$$

$$\xi_{月}(月均不平衡系数)=\frac{当月船舶流量总和}{年月均船舶流量}$$

以上是基于仅开展一次 OD 调查的情况进行扩样，若每月均开展一次 OD 调查，则根据日均不平衡系数，将每月的 OD 调查表扩样成当月的 OD 表，累加全年 12 月的 OD 表，即可得出全年的 OD 表。

3)适用条件

水运 OD 调查是掌握水路运输货物流量流向的基本方法之一，可以较为客观、准确地测算长江干线货运量及货物周转量。目前交通运输部综合规划司组织编制的《长江干线航道水上货物流量统计月报》主要也是基于 OD 调查原理的基础上形成的。但是 OD 调查所需要的人员众多、涉及面广、组织实施难度较大，若以此方法测算长江干线货运量及货物周转量则应具备如下条件：

一是具备一支专业的调查队伍。水运 OD 调查专业性较强，工作量较大，应有一支集管理、调查、统计和分析于一体的相对稳定的调查队伍负责实施，并建立相应的工作制度，促进统计工作制度化、规范化，为调查统计工作的持续开展提供有力保障。

二是需要有稳定的经费支撑。水运 OD 调查时需要投入大量的人力、物力，调查完以后也需要大量的人工数据录入及处理工作，若无稳定的调研经费支撑，则调查统计工作难以有效开展。

由于目前交通运输部科学研究院信息中心已开展了类似 OD 流量调查及数据统计等相关工作，仅是覆盖不够全面，因此，在上述条件尚不具备时，可通过建立与交通运输部科学研究院信息中心协调机制和信息共享渠道，获取长江干线货物流量流向的月度数据，在此基础上进行分析测算，也可实现及时掌握长江干线货运量及货物周转量数据的目的。

5.2.2 基于现有统计制度的统计测算法

根据上述统计现状分析，目前涉及长江干线货物载运和货物流向情况的统计数据主要有：船舶海事签证信息及《港口综合统计报表制度》中港口吞吐量、分装（卸）货港分货类吞吐量等。因此，基于现有统计制度的统计测算法将主要从船舶海事签证和港口装卸信息两条线路，对长江干线货运量及货物周转量测算方法进行研究。

5.2.2.1 基于海事签证信息的统计测算法

1）测算思路

目前船舶海事签证中涉及船舶载运货物起讫点、载货量及货种等信息，可以通过起讫点判断船舶航行是否通过长江干线，并且可以得出船舶在长江干线上的航行距离，根据载货量与运输距离的乘积就可以得出船舶在这个航次中通过长江干线的货运量及货物周转量。以长江海事局的海事签证查询系统为例，相关信息见图 5-5、图 5-6。

由图 5-5 可见，海事电子签证中录入的信息包括：船名、载重吨、始发港、目的港等信息，能够满足货运量与货物周转量的测算需要。图 5-6 显示，芜湖联顺 328 号船舶，从枞阳港开往马鞍山港，载货 3600 吨，水路运输距离 259 公里，据此可以很容易测算出该船舶本航次的货物周转量为 934200 吨公里。

2）测算方案

基于海事签证信息的统计测算法，其原理与上述 OD 测算法一致，但其获取数据的手段不是通过 OD 调查，而是利用海事局的船舶签证系统，提取长江干线船舶货运量及其运输区段信息，在此基础上，也形成一个 OD 表，从而可测算出长江干线货运量及货物周转量。

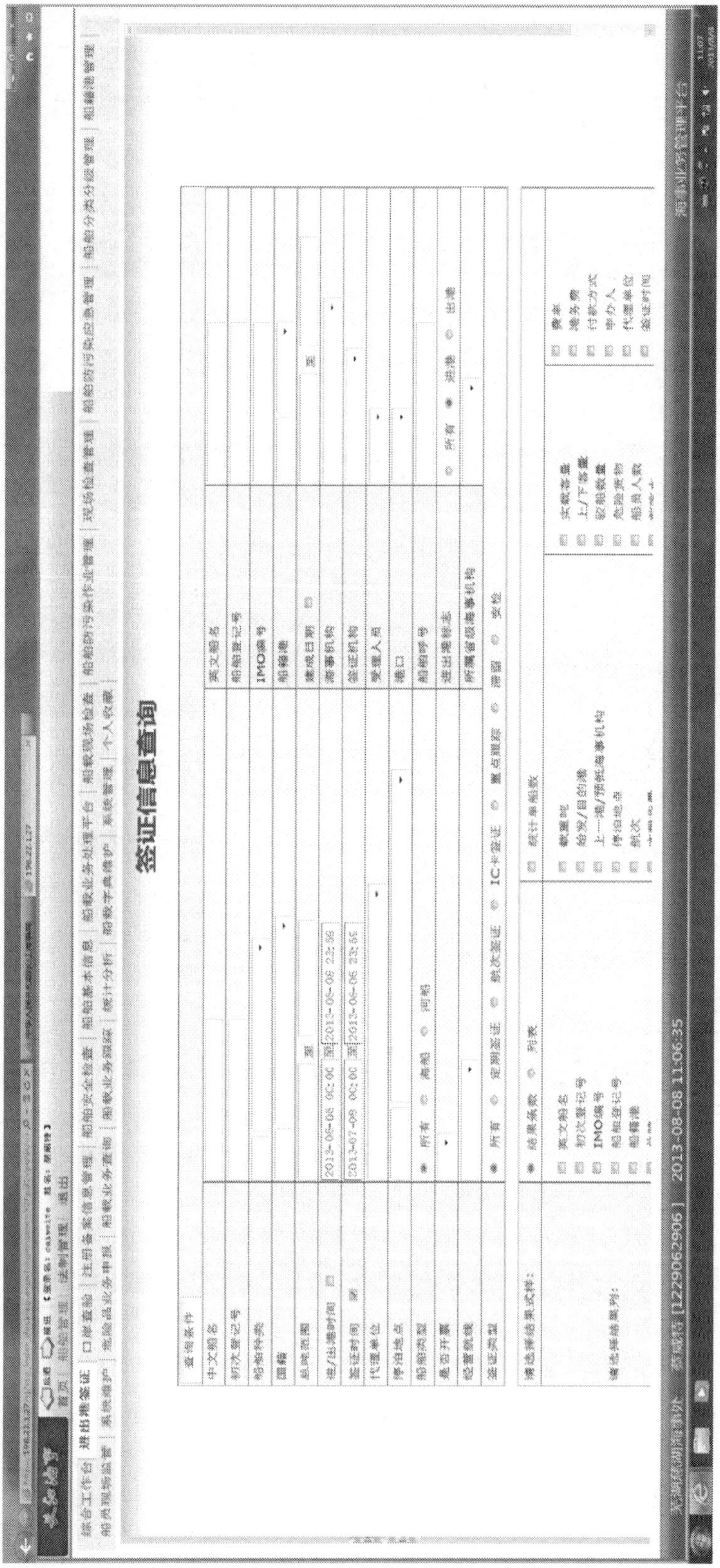

图 5-5 长江海事局电子签证查询系统操作界面

进港签证详细信息

详细信息

船舶基本信息

中文船名	芜湖联顺328	船籍港	芜湖	船舶类型	内河船	船舶种类	0201_干货船
总吨	1759	净吨	985	载重吨	3600	客位	
主机功率	706.00	所有/经营人	李晓龙/安徽省芜湖县红杨水上运输公司			【显示船舶基本信息】	

进港信息

港口	马鞍山	泊位	海螺水泥有限公司专用码头2号泊位			上一签证点	12110502
始发港	枞阳	上一港	121105_安庆枞阳海事处	船员人数	7	进港时间	2013-08-08 08:46
吃水：前	4.00	吃水：后	5.00	航次	1		
实载客量		实载货量	3450.00	本港下客		本港卸货	3450.00
卸危险货物		驳船数量		解载驳船		航区	内河A
费率	0.55|长江干线	港务费	541.75	付款方式	现金	收款方式	现付
进港代理		申办人	李晓龙	经营航线		签证时间	2013-08-08 08:46
备注							
	操作员	沈大千	操作时间	2013-08-08 08:48	所属机构	芜湖慈湖海事处	

货物信息

货物名称	卸货数量	具体品名
矿物性建筑材料	3450.00	熟料

集装箱信息

集装箱名称	空箱数量	重箱数量

持证船员信息

所任职务	证书号码	船员姓名
水手	340221196408042377	吴德富

图 5-6　具体船舶电子签证信息显示界面

提取长江海事局海事签证系统中部分数据进行测算方法的过程研究，具体见表 5-4。

电子海事签证数据　　表 5-4

序号	中文船名	船舶种类	船籍港	上一港	下一港	载运量(吨)
1	芜湖联顺 328	干货船	芜湖	安庆港	马鞍山港	3450
2	新兴达 16	干货船	扬州	马鞍山港	武汉港	950
3	皖湾沚货 2884	干货船	芜湖	城陵矶港	马鞍山港	2680
4	皖宣宣城 3726	干货船	宣城	芜湖港	武汉港	5000
5	皖江泰 55	干货船	巢湖	芜湖港	武汉港	420
6	华运 9 号	干货船	芜湖	武汉港	重庆港	3000
7	水阳江 69	干货船	宣城	芜湖港	马鞍山港	4000
8	华西 668	干货船	安庆	马鞍山港	武汉港	1390
9	铜港 19	干货船	铜陵	铜陵港	马鞍山港	605
10	皖宣城货 0568	干货船	宣城	九江港	马鞍山港	2200

长江海事局辖区主要为长江干线重庆至安徽段，对其辖区内的 13 个主要港口进行 OD 编号：重庆港(1)、宜昌港(2)、荆州港(3)、城陵矶港(4)、洪湖港(5)、武汉港(6)、黄石港(7)、九江港(8)、安庆港(9)、池州港(10)、铜陵港(11)、芜湖港(12)、马鞍山港(13)。编号后，在电子海事签证的数据库中提取驶出港、达到港和船舶载运量信息，在表 5-4 中进行替换，见表 5-5。

签证信息中驶出港、达到港 OD 信息替换表　　表 5-5

序号	中文船名	船舶种类	船籍港	上一港	下一港	载运量(吨)
1	芜湖联顺 328	干货船	芜湖	9	13	3450
2	新兴达 16	干货船	扬州	13	6	950
3	皖湾沚货 2884	干货船	芜湖	4	13	2680
4	皖宣宣城 3726	干货船	宣城	12	6	5000
5	皖江泰 55	干货船	巢湖	12	6	420
6	华运 9 号	干货船	芜湖	6	1	3000
7	水阳江 69	干货船	宣城	12	13	4000
8	华西 668	干货船	安庆	13	6	1390
9	铜港 19	干货船	铜陵	11	13	605
10	皖宣城货 0568	干货船	宣城	8	13	2200

以每艘船舶上一港与下一港的位置作为 OD 表中的纵、横轴，使用 Excel 中的 SUMPRODUCT（）语句筛选出各个起点与终点的载运量，代入 OD 表，以起点港“4”，终点港“13”为例，筛选公式为 SUMPRODUCT（(H6:H15="4")＊(I6:I15="15")＊(J6:J15)），见表 5-6。

船舶卸货量 OD 表　　　　表 5-6

D O	1	2	3	4	5	6	7	8	9	10	11	12	13
1	0												
2		0											
3			0										
4				0									2680
5					0								
6	3000					0							
7							0						
8								0					2200
9									0				3450
10										0			
11											0		605
12						5420						0	4000
13						2340							0

若提取所有数据，将表 5-6 中所有港口间的货运量汇总加和，即得到长江海事签证系统中通过长江干线的货运量；根据港口间的货运量与港口间的距离相乘并汇总加和，即可得到长江海事签证系统中长江干线货物周转量。

上述仅是长江海事局辖区范围内的签证数据，测算长江干线货运量和货物周转量，还需要江苏海事局、上海海事局、四川省地方海事局等干线海事机构的签证信息及主要支流所在省份的地方海事局签证信息。此外，在实际中，有许多长江上航行的船舶是采取定期签证的，而且根据有关法规，进入长江的外籍船舶除载运危险品货物的船舶需要签证外，其他船舶无须签证，但要接受当地港务监督的监督管理。因此，在通过海事签证系统测算出长江干线货运量和货物周转量后，应根据历年定期签证船舶、外籍船舶的相关信息，测算定期签证船舶和外籍船舶所完成货运量和货物周转量比重，最终得出长江干线的货运量和货物周转量。

需要特别说明的是，随着中央简政放权和转变政府职能的不断深化，交通运输部拟取消船舶进出港签证工作。签证取消后，海事管理部门若无替代手段掌握船舶航行信息，则基于海事签证系统的测算法也将无法进行。

3）适用条件

基于海事签证信息的统计测算法，主要是利用长江海事管理部门的船舶签证数据库进行测算，其优点是基础数据规范、较为准确而且获取渠道比较明确，但也存在着一些困难和问题，主要表现在：一是提取签证系统中的所有数据难度较大，就长江海事局的海事签证系统而言，目前系统每次最多只能提取并导出5000条船舶签证数据，与每年上百万条的签证数据量相比，数据提取效率显得比较低下；二是长江干线海事管理部门之间、与地方海事管理部门之间的签证信息尚未共享，信息资源整合的难度较大。三是海事签证信息尚未覆盖所有长江运输船舶，定期签证船舶、进江外籍船舶等信息在签证系统中无法全面反映，需要通过其他途径进行测算。基于此认识，认为该测算方法应具备如下适用条件：

一是要建立起长江航运各区段海事管理部门之间的协调机制，将不同海事辖区的船舶签证系统信息统一、共享，在同一平台上实现海事签证信息的资源整合。

二是要充分利用信息化手段，建立起较为完善的数据处理信息系统，能够实时提取海事签证信息中的船名、载货量、始发港、目的港和运输距离等信息，据此筛选重复的数据信息，并完成货运量和货物周转量计算。

三是加强对定期签证船舶、进江外籍船舶等在海事签证系统中无法全面反映的船舶的跟踪和分析，为进一步提高长江干线货运量及货物周转量的数据精度打好基础。

长江水路运输船舶绝大部分航行于长江海事辖区和江苏海事辖区，因此，在上述适用条件无法完全满足时，可先通过建立长江海事局与江苏海事局之间的协调机制，运用信息化手段，整合两大长江海事管理机构的船舶签证信息，测算该部分签证信息所完成的货运量和货物周转量，在此基础上，结合历年相关数据分析其所占比重，从而实现对长江干线货运量及货物周转量的测算。

目前船舶进出港签证面临取消的局面，在签证取消之后，海事管理部门可采取进出港报告制度，即船舶进出港时向当地海事管理部门报告航行信息；或者采用断面报告制度，即船舶航行经过某一断面（可利用现有海事观测断面）时，向海事管理部门报告航行信息等手段，掌握船舶航行起讫点、货种、货运量等信息，作为统计海事签证信息的替代方案。由信息报告制度代替海事签证制度，一方面可满足取消海事签证后，海事管理部门掌握船舶航行信息，继续做好支持保障工作的需要；另一方面，也可借此契机，建立统一的海事报告制度和信息处理平台，全面掌握长江航行船舶动态，弥补当前海事签证系统相互独立而使信息无法共享的不足。

5.2.2.2 基于港口到发量的统计测算法

1）测算思路

根据《港口综合统计报表制度》，长江港口定期填报统计报表，其中所涉及的分装（卸）货港分货类吞吐量信息（见图5-7）可以作为测算货运量和货物周转量的基础数据。

根据港口分装（卸）港分货类吞吐量，可以获取港口间的交流量信息，可以判断出哪些交流量是通过长江干线，结合港口间的距离，便可计算出该港货物吞吐量中经过长江干线的货运量和货物周转量。该方法与上述基于海事签证信息的测算方法虽然在数据获取渠道上存在明显差异，但其测算思路基本一致，即主要是从基础数据中获取港口间的交流量，进而测算货运量及货物周转量。

（十）分装（卸）货港分货类吞吐量

表　　号：交统港 6 表
制表机关：交通运输部
批准机关：国家统计局
批准文号：国统制〔2008〕71 号
有效期至：2010 年 10 月

填报单位：　　　　　　200　年　季　　　　　　计算单位：吨

装（卸）货港	总计	煤炭及制品	...	...	...	...
甲	1	2	...	...	...	...
总计						
1. 内贸合计						
...港						
...						
2. 外贸合计						
...国小计						
...港						
...						

图 5-7　《港口综合统计报表制度》中分装(卸)港分货类吞吐量表

根据测算基本原理，长江干线货运量 = 干线所有港口到达量 + 干线港口到海（支流）港口的发送量 + 海(支流)港口通过干线到海(支流)港口的发送量。其中，干线港口到达量、干线港口至支流港口的发送量、干线港口到海港口的发送量可通过干线港口业务系统提取；海(支流)港口通过干线到海(支流)港口的发送量则通过支流港口的业务系统提取。

2)测算方案

目前长江干线及支流港口众多，若要对所有港口数据进行提取，难度很大，因此，在未能满足全面统计的情况下，可先提取长江干线和主要支流吞吐量较大的港口的基础数据进行测算。

(1)货运量。对于干线港口到达量、干线港口至支流港口的发送量、干线港口出海的发送量，以下简称为“干线港口到发量”，可通过干线港口业务系统提取。根据对已有数据分析显示，长江干线港口的到发量绝大部分集中在宜宾港、泸州港、重庆港、宜昌港、荆州港、岳阳城陵矶港、洪湖港、武汉港、黄石港、九江港、安庆港、池州港、铜陵港、芜湖港、马鞍山港、南京港、扬州港、镇江港、泰州港、常州港、江阴港、张家港港、南通港、常熟港、太仓港和上海港等沿线26个港口。

将每个港口的到发量依次记为：Q_1（宜宾港）……Q_{26}（上海港）。通过对近年来的统计数据分析，测算上述26个港口的合计到发量Q'（见式（5-3）），约占长江干线港口到发量的比重，即当得出26个港口的合计到发量Q'占长江干线港口到发量的比重为η，则可以求得长江干线上所有港口的到发量Q，见式(5-4)：

$$Q'=\sum_{n=1}^{26}Q_n \quad (i=1,2,\cdots,26) \tag{5-3}$$

$$Q=\frac{Q'}{h} \tag{5-4}$$

对于海(支流)港口通过干线到海(支流)港口的发送量，可在长江流域14省市中分别选取1至2个吞吐量较大的支流港口(或港口企业)，根据该港口(或港口企业)提供的历年支流港口与海、支流港口经过长江干线与其他支流港口的交流量及其大致的市场份额，推算出该省(市)支流通过长江干线与海、其他支流之间的交流总量，各省(市)累加后即为海(支流)港口经过干线到海(支流)港口的通过量。计算公式如下所示：

$$Q_{省市}=\frac{Q_{港口}}{K_1} \tag{5-5}$$

$$Q_{支海}=\sum Q_{省市} \tag{5-6}$$

式中：$Q_{省市}$——各省市支流与海、其他支流的交流量；

$Q_{港口}$——支流港口与海、其他支流的交流量；

K_1——支流港口$Q_{港口}$占各省市的市场份额；

$Q_{支海}$——海(支流)港口经过长江干线到海(支流)港口的通过总量。

将上述Q与$Q_{支海}$相加，即为长江干线货运量的值。

(2)货物周转量。对于由干线港口到发量所形成的货物周转量，获取上述26个港口的到发量数据，绘制成水运线路OD表，将通过每个航段的货流量与运距乘积的加和，即得货物周转量的值，见式(5-7)：

$$Z=\sum_{i=1,\,j=1}^{n}OD_{ij}\cdot\overline{OD_{ij}} \tag{5-7}$$

式中：Z——货物周转量；

OD_{ij}——各港口间的货运量；

$\overline{OD_{ij}}$——各港口间的运输距离。

对于由海(支流)港口通过干线到海(支流)港口发送量而形成的货物周转量，由于量比较小，因此，可近似地以上述测算得到的各省(市)支流与海、其他支流的交流量$Q_{省市}$乘以该省(市)主要支流距长江口的距离(若有多条支流，则取平均距离)，作为由海(支流)港口通过干线到海(支流)港口发送量而形成的货物周转量。

将上述由干线港口到发量形成的货物周转量与由海(支流)港口通过干线到海(支流)港口发送量而形成的货物周转量相加，即为长江干线货物周转量的值。

3）适用条件

基于港口到发量的统计测算法主要是利用港口综合统计报表的相关信息进行测算，基础数据比较准确，获取渠道也比较明确。其存在的主要问题：一是基础数据不够全面，根据《港口综合统计报表制度》，分装（卸）货港分货类吞吐量仅是规模以上港口需要填报；二是基础数据统计口径不能完全满足测算工作要求，根据港口吞吐量统计规定，同一港口不同港区间发生的运输量不计算吞吐量，但实际上应算入长江干线货运量及货物周转量的范围；三是对海（支流）港口通过长江干线到海（支流）港口的发送量及其周转量的信息较难掌握。基于此认识，认为该测算方法应具备如下适用条件：

一是建立与上述 26 个长江干线港口（后期根据实际需要可进一步扩大范围）及支流重要港口的合作机制，能定期获取港口的分装（卸）货港分货类吞吐量信息，并对同一港口不同港区间发生的运输量进行跟踪、分析。

二是充分利用信息化手段，建立起较为完善的数据处理信息系统。与海事船舶签证信息相对应，港口装卸业务数据量也比较大，必须利用信息化手段，提高数据处理能力和效率。

5.2.3 基于数理推算的数学模型测算法

5.2.3.1 测算思路

长江航运的发展是为了满足长江沿江经济社会的运输需求，经济社会的发展水平一方面形成了水路运输的新需求或制约因素，另一方面水路运输的快速发展也会促进经济社会的快速发展，二者之间具有十分密切的关系。因此，通过分析长江航运与沿江经济社会发展之间的关联性，基于沿江经济社会发展态势，可以对长江航运发展水平做出合理的推测。

数学模型测算法主要是分析影响货运量及货物周转量的主要因素，通过对主要因素相关指标序列数据的分析，找出其与货运量及货物周转量之间的变化规律，建立相应的数学模型，对货运量及货物周转量进行测算或预测。由于目前长江干线货物周转量缺乏序列历史数据，因此，先利用数学模型测算长江干线货运量，再通过其他途径估算平均运距，最后得出长江干线货物周转量。

1）影响因素

货运量是反映运输生产成果的指标，体现着长江干线水运业为沿江经济服务的数量，其主要影响因素：一是经济因素，包括沿江各省市经济发展规模、产业结构、国内外贸易及居民消费水平和消费理念等。二是水运因素，包括沿江各省市完成的货物运输量、水路货物运输量及干线港口吞吐量等运输生产量，此外沿江七省二市的船舶净载重量也与长江干线货运量变化密切相关。三是其他因素，包括宏观经济政策和管理体制、港航基础设施的规模和发展水平及先进科技技术的应用等。

根据数据的可得性，主要选取经济因素和水运因素相关可量化的指标进行计算，其中，经济因素方面主要选取沿江七省二市国内生产总值，第二、第三产业增加值（水运与第二、第三产业的关系更为密切），对外贸易总额及社会消费品零售总额等指标；水运因素方面主要选取沿江七省二市货运总量、沿江七省二市水路货运量、长江干线港口吞吐量及沿江七省二市船舶净载重吨等指标。

2）相关性分析

采用灰色关联度模型定量地分析长江干线货运量与上述影响因素相关指标，在发展过程中随时间而相对变化的情况。如果比较序列的变化态势基本一致或相似，其同步变化程度较高，即可以认为两者关联度较大；反之，两者关联度较小。主要步骤如下。

一是序列标准化（无量纲化）：以参照数列（取最大数的数列）为基准点，将各数据标准化成介于 0 至 1 之间的数据最佳。

二是应公式需要值，产生对应差数列表，内容包括：与参考数列值差（绝对值）、最大差、最小差、ζ（分辨系数，$0<\zeta<1$，可设 ζ=0.5）。

三是关联系数 ξ_i（k）计算：应用公式 $X_i(k)=\dfrac{D_{\min}+zD_{\max}}{D_{0i}(k)+zD_{\max}}$ 计算比较数列 X_i 上各点 k 与参考数列 X_0 参照点的关联系数，最后求各系数的平均值即是 X_i 与 X_0 的灰色关联度 γ_i。

四是比较各关联度大小，值越大，关联度越高。

基于上述步骤，对长江干线货运量与其影响因素之间的进行相关性分析。收集 2000 年以来长江沿江七省二市的 GDP（X_1），第二产业增加值（X_2），第三产业增加值（X_3），对外贸易总额（X_4），社会消费品总额（X_5），沿江七省二市货运总量（X_6），沿江七省二市水路货运量（X_7），长江干线港口吞吐量（X_8）和沿江七省二市船舶净载重吨（X_9）。长江干线货物通过量（X_0）、经济指标数据见表 5-7。

形成数据矩阵如下所示：

$$X=\begin{bmatrix}
4.150 & 4.500 & 5.090 & 6.100 & 7.300 & 8.510 & 9.600 & 11.320 & 12.200 & 13.300 & 15.020 & 16.600 & 18.000 \\
33698.0 & 35999.2 & 39710.2 & 45447.0 & 54722.0 & 63858.0 & 74117.0 & 88594.2 & 105155.3 & 120093.6 & 144742.9 & 174056.3 & 194343.1 \\
15383.4 & 16330.4 & 18664.0 & 21491.8 & 26397.6 & 30115.8 & 35754.4 & 42582.6 & 51023.1 & 57861.3 & 71703.4 & 87507.2 & 95855.1 \\
12870.9 & 14172.8 & 15986.6 & 17916.4 & 20818.1 & 25536.4 & 29677.0 & 35631.4 & 41692.0 & 49581.9 & 57142.6 & 68865.0 & 78187.1 \\
1172.00 & 1353.40 & 1641.10 & 2541.70 & 3682.80 & 4594.20 & 5717.60 & 7128.70 & 8826.10 & 7122.40 & 9792.90 & 11855.4 & 11953.4 \\
11990.0 & 13157.8 & 14117.1 & 15925.6 & 18138.5 & 22329.4 & 25701.3 & 30229.1 & 36915.7 & 43800.40 & 51975.7 & 60670.3 & 68395.3 \\
420687 & 430082 & 451364 & 483531 & 522804 & 573985 & 626208 & 701976 & 896422 & 964560 & 1061045 & 1263790 & 1432521 \\
59342.0 & 63396.0 & 66583.0 & 72751.0 & 81666.0 & 94192.0 & 105590 & 120704 & 149182 & 150018 & 175984 & 201550 & 216719 \\
3.870 & 4.200 & 4.520 & 4.810 & 6.830 & 7.960 & 8.900 & 10.720 & 11.300 & 12.700 & 15.400 & 17.700 & 20.320 \\
2983.00 & 3032.00 & 3136.00 & 4080.00 & 5253.00 & 6455.00 & 6833.40 & 8444.00 & 8808.00 & 9565.52 & 12908.9 & 15410.5 & 18184.4
\end{bmatrix}$$

进行归一化处理，得：

$$X'=\begin{bmatrix}
1.000 & 1.084 & 1.227 & 1.470 & 1.759 & 2.051 & 2.313 & 2.728 & 2.940 & 3.205 & 3.619 & 4.000 & 4.337 \\
1.000 & 1.068 & 1.178 & 1.349 & 1.624 & 1.895 & 2.199 & 2.629 & 3.121 & 3.564 & 4.295 & 5.165 & 5.767 \\
1.000 & 1.062 & 1.213 & 1.397 & 1.716 & 1.958 & 2.324 & 2.768 & 3.317 & 3.761 & 4.661 & 5.688 & 6.231 \\
1.000 & 1.101 & 1.242 & 1.392 & 1.617 & 1.984 & 2.306 & 2.768 & 3.239 & 3.852 & 4.440 & 5.350 & 6.075 \\
1.000 & 1.155 & 1.400 & 2.169 & 3.142 & 3.920 & 4.878 & 6.083 & 7.531 & 6.077 & 8.356 & 10.116 & 10.12 \\
1.000 & 1.097 & 1.177 & 1.328 & 1.513 & 1.862 & 2.144 & 2.521 & 3.079 & 3.653 & 4.335 & 5.060 & 5.704 \\
1.000 & 1.022 & 1.073 & 1.149 & 1.243 & 1.364 & 1.489 & 1.669 & 2.131 & 2.293 & 2.522 & 3.004 & 3.405 \\
1.000 & 1.068 & 1.122 & 1.226 & 1.376 & 1.587 & 1.779 & 2.034 & 2.514 & 2.528 & 2.966 & 3.396 & 3.652 \\
1.000 & 1.084 & 1.168 & 1.243 & 1.765 & 2.057 & 2.300 & 2.770 & 2.920 & 3.282 & 3.979 & 4.574 & 5.251 \\
1.000 & 1.013 & 1.051 & 1.368 & 1.761 & 2.164 & 2.291 & 2.831 & 2.953 & 3.207 & 4.327 & 5.166 & 6.096
\end{bmatrix}$$

长江干线货物通过量、可量化指标数据

表 5-7

指标 年份	X_0（亿吨）	X_1（亿元）	X_2（亿元）	X_3（亿元）	X_4（亿美元）	X_5（亿元）	X_6（万吨）	X_7（万吨）	X_8（亿吨）	X_9（万吨）
2000	4.15	33698.06	15383.4	12870.9	1172.0	11990.0	420687.00	59342.00	3.87	2983.00
2001	4.50	35999.27	16330.4	14172.8	1353.4	13157.8	430082.00	63396.00	4.20	3023.00
2002	5.09	39710.28	18664.0	15986.6	1641.1	14117.1	451364.00	66583.00	4.52	3136.00
2003	6.10	45446.99	21491.8	17916.4	2541.7	15925.6	483531.00	72751.00	4.81	4080.00
2004	7.30	54721.98	26397.6	20818.1	3682.8	18138.5	522804.00	81666.00	6.83	5253.00
2005	8.51	63858.04	30115.8	25536.4	4594.2	22329.4	573985.00	94192.00	7.96	6455.00
2006	9.60	74117.02	35754.4	29677.0	5717.6	25701.3	626208.00	105590.00	8.90	6833.40
2007	11.32	88594.23	42582.6	35631.4	7128.7	30229.1	701976.00	120704.00	10.72	8444.00
2008	12.20	105155.29	51023.1	41692.0	8826.1	36915.7	896422.00	149182.00	11.30	8808.60
2009	13.30	120093.58	57861.3	49581.9	9422.4	43800.4	964560.20	150018.34	12.70	9565.52
2010	15.02	144742.86	71703.41	57142.61	9792.9	51975.7	1061045.00	175984.00	15.40	12908.93
2011	16.60	174056.29	87507.25	68865.01	11855.4	60670.6	1263790.00	201550.00	17.70	15410.51
2012	18.00	194343.1	95855.12	78187.13	11953.45	68395.35	1432521.14	216719.48	20.32	18184.40

做差变换，得：

$$\Delta X=\begin{bmatrix} 0.000 & 0.016 & 0.048 & 0.121 & 0.135 & 0.156 & 0.114 & 0.099 & 0.181 & 0.359 & 0.676 & 1.165 & 1.430 \\ 0.000 & 0.023 & 0.013 & 0.073 & 0.043 & 0.093 & 0.011 & 0.040 & 0.377 & 0.556 & 1.042 & 1.688 & 1.894 \\ 0.000 & 0.017 & 0.016 & 0.078 & 0.142 & 0.067 & 0.008 & 0.041 & 0.299 & 0.647 & 0.82 & 1.350 & 1.737 \\ 0.000 & 0.070 & 0.174 & 0.699 & 1.383 & 1.869 & 2.565 & 3.355 & 4.591 & 2.872 & 4.736 & 6.116 & 5.862 \\ 0.000 & 0.013 & 0.049 & 0.142 & 0.246 & 0.188 & 0.170 & 0.207 & 0.139 & 0.448 & 0.716 & 1.060 & 1.367 \\ 0.000 & 0.062 & 0.154 & 0.320 & 0.516 & 0.686 & 0.825 & 1.059 & 0.809 & 0.912 & 1.097 & 0.996 & 0.932 \\ 0.000 & 0.016 & 0.104 & 0.244 & 0.383 & 0.463 & 0.534 & 0.694 & 0.426 & 0.677 & 0.654 & 0.604 & 0.685 \\ 0.000 & 0.000 & 0.059 & 0.227 & 0.006 & 0.006 & 0.014 & 0.042 & 0.020 & 0.077 & 0.360 & 0.574 & 0.913 \\ 0.000 & 0.071 & 0.175 & 0.102 & 0.002 & 0.113 & 0.022 & 0.103 & 0.013 & 0.002 & 0.708 & 1.166 & 1.759 \end{bmatrix}$$

在上面矩阵中，最大值和最小值分别为：

$$M=\max_i \max_k \Delta X=6.116\text{;}\ m=\min_i \min_k \Delta X=0 \tag{5-8}$$

相关系数：在最小信息原理下 $\xi=0.5$

$$\gamma(X_{0k},X_{ik})=\frac{m+\xi M}{\Delta_{0i}(k)+\xi M}=\frac{3.058}{\Delta_{0i}(k)+3.058} \qquad (k=1,2,\cdots n;i=1,2,\cdots,m) \tag{5-9}$$

相关系数矩阵为：

$$\gamma=\begin{bmatrix} 1.000 & 0.995 & 0.985 & 0.962 & 0.958 & 0.952 & 0.964 & 0.969 & 0.944 & 0.895 & 0.819 & 0.724 & 0.681 \\ 1.000 & 0.993 & 0.996 & 0.977 & 0.986 & 0.971 & 0.996 & 0.987 & 0.890 & 0.846 & 0.746 & 0.644 & 0.618 \\ 1.000 & 0.995 & 0.995 & 0.975 & 0.956 & 0.979 & 0.998 & 0.987 & 0.911 & 0.825 & 0.788 & 0.694 & 0.638 \\ 1.000 & 0.977 & 0.946 & 0.814 & 0.689 & 0.621 & 0.544 & 0.477 & 0.400 & 0.516 & 0.392 & 0.333 & 0.343 \\ 1.000 & 0.996 & 0.984 & 0.956 & 0.925 & 0.942 & 0.947 & 0.937 & 0.956 & 0.872 & 0.810 & 0.743 & 0.691 \\ 1.000 & 0.980 & 0.952 & 0.905 & 0.856 & 0.817 & 0.788 & 0.743 & 0.791 & 0.770 & 0.736 & 0.754 & 0.766 \\ 1.000 & 0.995 & 0.967 & 0.926 & 0.889 & 0.868 & 0.851 & 0.815 & 0.878 & 0.819 & 0.824 & 0.835 & 0.817 \\ 1.000 & 1.000 & 0.981 & 0.931 & 0.998 & 0.998 & 0.996 & 0.986 & 0.994 & 0.975 & 0.895 & 0.842 & 0.770 \\ 1.000 & 0.977 & 0.946 & 0.968 & 0.999 & 0.964 & 0.993 & 0.967 & 0.996 & 0.999 & 0.812 & 0.724 & 0.635 \end{bmatrix}$$

灰色关联度：评估指标的灰色关联度。

$$\gamma(X_0,X_i)=\frac{1}{n}\sum_{k=1}^{n}\gamma(X_{0k},X_{ik}) \tag{5-10}$$

$$\gamma^T=(0.911\quad 0.896\quad 0.903\quad 0.611\quad 0.905\quad 0.835\quad 0.883\quad 0.951\quad 0.922)$$

从表 5-8 可见，利用灰色关联分析计算出来长江干线货运量影响因素的灰色关联度值，除对外贸易总额之外，灰色关联度均在 0.8 以上，即长江干线货运量与上述因素存在很强的相关性，因此，利用这些影响因素的发展态势来预测长江干线货运量的值是合理、可行的。

3）测算模型选择

基于数学模型测算法的长江干线货运量测算，可以理解成关于长江干线货运量的预测。在选择预测模型，需要考虑的因素包括预测模型的精度、方法适用的条件、预测时间的有效范围等，目前常规的预测模型及其特点见表 5-9。

灰色关联度表 表 5-8

关 联 度	2000—2012 年
X_1（GDP）	0.911
X_2（第二产业增加值）	0.896
X_3（第三产业增加值）	0.903
X_4（外贸进出口总额）	0.611
X_5（社会零售业销售总额）	0.905
X_6（沿江七省二市货运总量）	0.835
X_7（沿江七省二市水路货运量）	0.883
X_8（长江干线港口吞吐量）	0.951
X_9（沿江七省二市船舶净载重吨）	0.922

常规预测模型及其特点表 表 5-9

预测方法	优 点	缺 点	适用范围	所需数据
移动平均法	计算过程较为简单，所需历史数据少	预测精度低	近期预测	多期历史数据
指数平滑法	计算简单，所需数据少，储存数据少	预测精度低	短中期预测	多期历史数据
灰色模型法	所需信息少，不需要了解数据相互关系；建模简单，预测精度较高	无法揭示各因素之间的关系	数据间的关系不明确，适用于短期预测	少量历史数据
回归预测法	所需数据较少，能对预测对象的结构进行描述和分析，预测精度较高	对历史数据的质量要求高；系统结构要求稳定；难以建立拟合度较高的模型	需要明确各因素间的相互关系，适用于短中期预测	需要完整的历史数据
神经网络法	具有较强的非线性映射能力；能够通过学习自动提取输出、输出数据间的合理规则；操作较为简单，对建模对象的要求不高	样本量较少且外在影响较多的情况，可能会发生收敛速度较慢，局部极小点较多等情况	适用于中长期预测	需要输入多维的历史数据

考虑各方法的优缺点及基础数据掌握情况，为提高测算的准确度，选取适用于非线性函数逼近的广义回归神经网络（GRNN）模型和适用于线性逼近的多元线性回归模型对长江干线货运量进行预测。

5.2.3.2 基于 GRNN 神经网络的测算法

1）方法简介

广义回归神经网络（GRNN）是 RBF 神经网络的一个分支，是一种基于非线性回归理论的前馈式神经网络模型。它通过激活神经元来逼近函数，其网络结构见图 5-8。

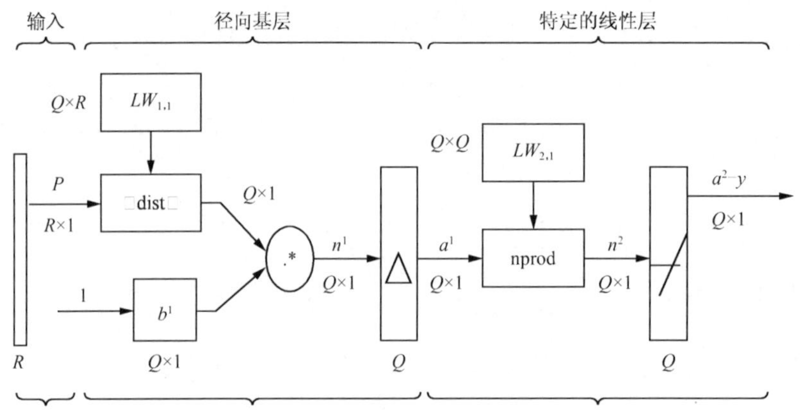

图 5-8 GRNN 神经网络结构示意图

网络的第 1 层为信号输入层,输入向量传递到隐含层,隐含层有 Q 个神经元,节点函数为高斯函数,输入权值矩阵为 $LW_{1,1}$,阈值向量为 b_1;输出层为一个特定的线性层,同样含有 Q 个神经元,权值函数为归一化点积权函数,节点函数为纯线性函数,相应的权值矩阵为 $LW_{2,1}$。GRNN 网络的第 3 层称为特定的线性输出层,之所以称为特定的线性输出层是因为隐含层输出不是直接作为线性神经元的输入,而是先将隐含层的输出与本层的权值矩阵 $LW_{2,1}$ 作归一化点积运算后再作为权输入送入传递函数。GRNN 算法主要步骤如下:

(1)构建网络结构。对于一个非线性的时间序列 $X(t)$,$t\in[1, n]$,若要预测 $x(n+1)$ 的值,则首先应设计网络输入和网络输出,即多个已知时间序列值顺序输入和一个或多个期望输出,其中在确定输入层时,应根据需要解决的问题及样本数据的实际情况进行确定,输出层的确定就较为简单,可以根据操作者的需要进行设定。

(2)输入数据处理。输入数据归一化处理,为了消除各输入数据间数量级的差别,应该对输入的样本数据进行一定的预备处理,在防止隐含层神经元达到过饱和状态的同时,也可以简化计算的复杂程度、加快收敛速度。可采用归一化处理,在得到预测结果之后,对结果进行反归一化处理,即可得到目标值。归一化处理的公式如下:

$$X=\frac{x-x_{\min}}{x_{\max}-x_{\min}} \tag{5-11}$$

在式(5-11)中,X 是输入样本归一化处理之后的值,x 是影响因素的实际值,$x_{\min}$ 是实际值中的最小值,$x_{\max}$ 是实际值中的最大值。

此外,输入样本中的异常数据会对预测结果产生一定的影响。如果在历史年份中,有类似于金融危机、自然灾害等不可逆原因产生的历史数据时,我们应该对这些异常的历史数据做相应的处理工作,使其能延续整个输入样本数据的规律性。可采用纵向对比法来对异常数据进行处理,其基本原理如下:数据应维持在一定范围内,当超过一定的范围,则采取纵向方法修订,即用前后两个正常数据的平均值来取代坏数据。

(3)进行网络训练。确定网络的输入输出层结构形式后,便可从已知序列值中提取样本构成训练集,进而对网络进行训练,通过不断的训练和参数调整达到最理想的训练误差。网络训练结束后便可以序列最后的几个数值 $x(n-m+1)$，$x(n-m+2)$，…，$x(n)$ 为输入层（其中 m 为选定的输入节点数）对 $x(n+1)$ 的值进行预测。

(4)测算期望输出。GRNN 神经网络是以非线性回归分析为理论基础的一种方法。设随机变量 x 和 y 的联合概率密度函数为 $f(x, y)$，已知 x 的观测值为 X，则 y 相对于 X 的回归，即条件均值为：

$$Y = E[y / X] = \frac{\int_{+\infty}^{-\infty} y f(X, y) \mathrm{d}y}{\int_{+\infty}^{-\infty} f(X, y) \mathrm{d}y} \tag{5-12}$$

Y 即为在输入为 X 的条件下，y 的预测输出。若采用高斯函数作为 GRNN 神经网络的概率密度函数，则网络的输出为：

$$Y(X) = \frac{\sum_{i=1}^{n} Y_i \exp\left(-\frac{D_i^2}{2\sigma^2}\right)}{\sum_{i=1}^{n} \exp\left(-\frac{D_i^2}{2\sigma^2}\right)} \tag{5-13}$$

式中，$D_i^2=[(X-X_i)T(X-X_i)]$；X_i，Y_i $(i=1,2,\cdots,n)$ 分别为第 i 个取样样本的输入和输出；σ 为光滑因子。

测算输出主要分为三步：第一，把学习样本分成两部分，用前一部分样本进行拟合训练，利用所得的网络预测第二部分样本，计算预测误差，调整光滑因子，直到预测精度不再有显著提高为止；第二，利用第一步得到的神经网络，对全部学习样本进行训练，得到学习样本的神经网络预测模型；第三，利用所得到的网络模型进行预测。

综上，GRNN 算法流程见图 5-9。

2)测算方案

随着人工神经网络的广泛应用，为其开发的应用软件也越来越多，其中应用最为广泛的软件之一就是 MATLAB（矩阵实验室）软件。MATLAB 工具箱能为神经网络提供多样的算法模型，使用者无须设计网络的整个构成，只需要选择对函数的调用。另外，可以利用 MATLAB 语言编写各种网络权值训练的子程序，可以很大程度上简化神经网络设计者的工作量。

将长江干线货运量与其主要影响因素的系列数据输入 MATLAB 进行 GRNN 神经网络预测，可以得到一个长江干线货运量的预测值，然后在从事长江干线运输的航运企业中对各航运企业运输货物平均运距的抽样调查，得到长江干线运输货物的平均运距，最后可得出长江干线货物周转量的测算值。

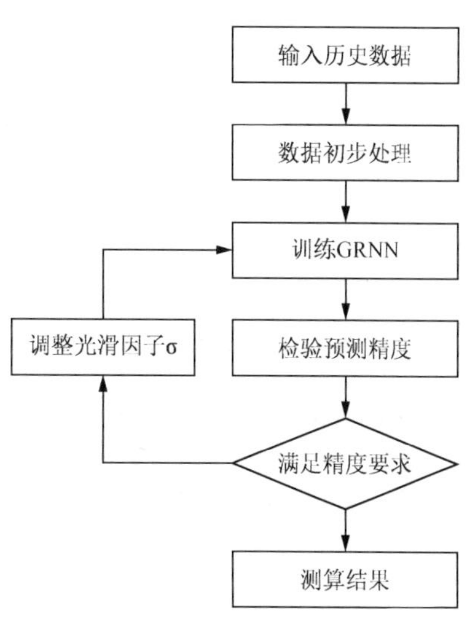

图 5-9　GRNN 算法流程示意图

$$Z = D \times L \tag{5-14}$$

其中，Z 为长江干线货物周转量；D 为长江干线货运量；L 为长江干线货物运输平均运距。

在长江沿江各省市选取具有代表性的航运企业（一般在整个运输中占有较大市场份额），分货种（如煤炭、金属矿石、矿建材料、钢铁等）调查平均运距。目前，随着电子办公系统的普及，大部分航运企业都会对其运单进行电子存根，所以可根据代表性航运企业运单存根，提取主要货类的运输量及分别对应的运距，通过乘积加和得到该航运企业各货类的货物周转量。按货类分，将所有代表性航运企业同一货类的货物周转量加和（$Z_{货类i总}$），除以所有企业该货类的运输总量（$D_{货类i}$），即可得到该货类的平均运距（$L_{货类i平均}$），在此基础上，以各货类的运输量为权重，综合测算出所有货类的平均运距（$L_{平均}$）。主要计算公式如下：

$$Z_{货类i总} = \sum Z_{企业i} = \sum D_{企业i} \cdot L_{企业i} \tag{5-15}$$

$$D_{货类i} = \sum D_{企业i} \tag{5-16}$$

$$L_{货类i平均} = \frac{Z_{货类i总}}{D_{货类i}} \tag{5-17}$$

$$L_{平均} = \sum \left(\frac{D_{货类i}}{D_{货类总} \cdot L_{货类i平均}} \right) \tag{5-18}$$

式中：$Z_{货类i总}$——所有代表性航运企业 i 货种的货物周转量之和；

$Z_{企业i}$——单个代表性航运企业 i 货种的货物周转量；

$D_{企业i}$——单个代表性航运企业 i 货种的货运量；

$L_{企业i}$——单个代表性航运企业 i 货种的运距；

$D_{货类i}$——所有代表性航运企业 i 货种的货运量之和；

$L_{货类i平均}$——所有代表性航运企业 i 货种的平均运距；

$L_{平均}$——所有代表性航运企业货物平均运距。

在尚未与沿江省市航运企业建立有效的沟通协作机制之前，可通过由长江沿江各省市每年完成的内河货运量、内河货物周转量等数据计算各省市的内河货物运输平均运距，并以各省市内河货运量为权重（归一化处理），加权计算总的平均运距，视为长江干线货物运输的平均运距。

5.2.3.3 基于多元线性回归的测算法

1)方法简介

多元回归分析法，主要是通过对两个或两个以上的自变量与一个因变量的相关分析，建立数学模型进行预测。当函数的因变量与两个或两个以上自变量之间存在线性关系时，称之为多元线性回归，其回归模型如下：

$$y = b_0 + b_1x_1 + b_2x_2 + \cdots + b_kx_k + e \tag{5-19}$$

式中，y 为因变量，$x_1, x_2, \cdots, x_k$ 为自变量。

多元线性回归模型与一元线性回归模型类似，通过最小二乘法得到参数的最小估算值之后，需要对得到的参数值进行相应检验，判断所得参数是否在模型误差的允许范围内。

（1）拟合度检验。多元回归模型的拟合度检验主要由拟合度系数 R^2 来判断，R^2 表示在因变量随自变量的变化过程中，因变量的值能在回归曲线中反映出来的次数在因变量中所占的比例，R^2 值越大，说明因变量变化曲线与回归模型曲线的拟合度越高，即自变量与因变量的相关性越高。其计算公式如下：

$$R^2 = \frac{\sum(\hat{y} - \bar{y})^2}{\sum(y - \bar{y})^2} = 1 - \frac{\sum(y - \hat{y})^2}{\sum(y - \bar{y})^2} \tag{5-20}$$

其中，

$$\sum(y - \hat{y})^2 = \sum y^2 - \left(b_0 \sum y + b_1 \sum x_1 y + b_2 \sum x_2 y + \cdots + b_k \sum x_k y\right)$$

$$\sum(y - \bar{y}) = \sum y^2 - \frac{1}{n}\left(\sum y\right)^2$$

（2）标准误差估算。估计标准误差，表示的是模型中因变量的实际值与预测结果之间的差值平方的平均数开方之后的结果，标准误差的估算值越小，模型的拟合度越好。

$$S_y = \sqrt{\frac{\sum(y - \hat{y})^2}{n - k - 1}}, \quad v_k = \frac{S_y}{y} \tag{5-21}$$

式中，k 为多元线性回归方程中的自变量的个数。

（3）回归系数的显著性检验。在一元线性回归中，对回归模型的显著性检验即是对回归系数的显著性检验，二者是同等的，但是在多元回归模型中，模型的显著性检验与回归系数的显著性检验是不同的。多元回归模型的系数显著性检验通常使用 t 检验，其目的是通过 t 检验判断模型中的各参数是否对因变量影响显著，仅保留对因变量具有显著影响的因素。t 检验的计算公式如下：

$$t_i = \frac{b_i}{S_y \sqrt{C_{ij}}} = \frac{b_i}{S_{b_1}} \tag{5-22}$$

其中，C_{ij} 是多元线性回归方程中求解回归系数矩阵的逆矩阵 $(x'x)^{-1}$ 的主对角线上的第 j 个元素。以二元回归分析为例，其参数计算公式如下：

$$C_{11} = \frac{S_{22}}{S_{11}S_{22} - S_{12}^2} \tag{5-23}$$

$$C_{22} = \frac{S_{11}}{S_{11}S_{22} - S_{12}^2} \tag{5-24}$$

其中，

$$S_{11}=\sum(x_1-\bar{x}_1)^2=\sum x_1^2-\frac{1}{n}\left(\sum x_1\right)^2$$

$$S_{22}=\sum(x_2-\bar{x}_2)^2=\sum x_2^2-\frac{1}{n}\left(\sum x_2\right)^2$$

$$S_{12}=\sum(x_1-\bar{x}_1)(x_2-\bar{x}_2)=S_{21}$$

$$\sum x_1x_2=\frac{1}{n}\left(\sum x_1\right)\left(\sum x_2\right)$$

(4)DW 检验(检验残差一阶自相关)。当根据动态数据建立回归模型时,那么预测过程中得到的误差项也会形成一个回归模型,如果得到的误差序列的各项之间没有相关关系,那么它们之间是相互独立的,相反如果计算得到的误差序列之间不是相互独立的而是存在密切相关关系的,那么所建立的回归模型不能客观真实地反映自变量与因变量之间的真实关系。所以在得到回归模型之后,需要对误差序列进行 DW 检验。

2)测算方案

利用 SPSS 统计分析软件对多元线性回归模型进行建模,求解和检验,可以求得长江干线货运量的预测值。长江干线货物周转量测算则与上述基于 GRNN 神经网络测算法一样,即通过对代表性航运企业调查得出平均运距后,即可测算货物周转量。在尚未与沿江省市航运企业建立有效的沟通协作机制之前,可通过由长江沿江各省市每年完成的内河货运量、内河货物周转量等数据计算各省市的内河货物运输平均运距。

5.2.3.4 适用条件

基于数理推算的数学模型测算法实施起来较为简单,测算速度较快,在 OD 测算法和统计测算法尚无法实现的阶段,数学模型测算法是一种重要手段,这也是现行长江干线货运量和货物周转量测算的主要方法。上述基于 GRNN 神经网络测算法及基于多元线性回归的测算法所采用的测算思路和原理,与现行的测算方法基本一致,但在影响因素的设置上有所增加。

数学模型测算法的主要适用条件就是确保已有历史数据较为准确或历史数据发展趋势较为合理。数学模型测算法是以长江干线货运量的影响因素作为输入,货运量作为数模的数学模型,若基础数据或数据发展趋势不准确,会对拟合函数及最终测算结果产生影响。上述两种数学模型测算法中,除了长江干线货运量年度数据外,均来自于统计资料,基础数据比较真实准确。历年的长江干线货运量数据准确性虽不能保证,但其发展趋势是合理的,因此,可以作为历史基础数据进行测算。

5.2.4 测算方法综合评价

以上分析了基于调查统计的 OD 测算法、基于现有统计制度的统计测算法及基于数理推算的数学模型测算法三种方法。就测算方法的适用条件而言, OD 测算法和统计测算法的要求均比较严格,数学模型测算法只需借助历史统计数据即可;就测算准确性而言,统计测算法最优, OD 测算法次之,数学模型测算法误差会较大;在测算速度方面,数学模型测算法最为简便，统计测算法次之，OD 测算法需涉及人工调查、统计和分析，所需时间最长。可根据实际条件和需求情况，选取适宜的方法进行测算。

5.3　实证分析

5.3.1　OD 测算法实证分析

1）长江干线货运量测算

选取 2012 年 1-12 月份《长江干线航道水上货物流量统计月报》中的长江干线货物流量流向表，编制成长江干线港口间及港口与支流间的货运到发 OD 信息表，见表 5-10（A、B、C）。

对表 5-10（A、B、C）进行加和计算，得到上述 40 个 OD 点（包括港口、支流及海等）所产生的长江干线货运量为 153810.8 万吨。根据历年相关统计分析，以上 40 个 OD 点的货物交流量，占长江干线所有货物交流量的 90% 左右，由公式（5-2）可得长江干线货运量为 153810.8/90%，即 170900 万吨。

2012 年长江干线货运到发 OD 表（单位：万吨）　　表 5-10（A）

出发 / 到达	宜宾	泸州	重庆	宜昌	荆州	岳阳	洪湖	武汉	黄石	九江	安庆	池州	铜陵
宜宾	0	0	128.81	47.77	9.01	3.74	0.1	9.61	3.29	2.25	0.07	0.27	5.95
泸州	0	0	111.84	6.23	3.69	13.2	0	19.39	4.13	7.82	15.44	0	0.41
重庆	0	0	0	260.05	105.33	56.52	1.73	105.24	30.31	21.43	35.09	2.06	16.82
宜昌	0	0	1308.84	0	52.55	34.78	2.51	89.72	31.31	22.21	6.24	1.04	38.37
荆州	0	0	138.75	77.07	0	6.8	0.24	51.59	4.95	4.81	0.66	0	2.21
岳阳	0	0	168.59	134.17	52.69	0	0.74	67.27	21.18	6.51	5.27	1.55	2.74
洪湖	0	0	13.53	20.59	0.65	0.06	0	0.14	0.02	0	0	0	0
武汉	0	0	131.18	47.71	28.57	44.18	7.89	0	32.74	69	20.36	3.28	5.58
黄石	0	0	64.05	18.91	7.94	13.36	0.15	572.43	0	38.45	37.74	9.9	29.82
九江	0	0	28.4	10.27	9.47	5.96	0.47	154.31	27.9	0	25.62	14.16	13.39
安庆	0	0	16.67	6.12	2.22	10.4	5.54	35.07	19.29	28.83	0	11.1	29.65
池州	0	0	2.2	0.36	1.02	0.53	4.32	35.74	68.54	8.97	8.12	0	8.22
铜陵	0	0	8.07	14.22	16.13	5.29	0	51.97	42.33	77.57	24.2	11.45	0
芜湖	0	0	14.81	4.35	0.54	7.75	0	30.48	30.72	27.31	51.25	56.35	39.55
马鞍山	0	0	17.52	0.82	3.16	9.62	0	32.65	17.51	39.29	7.45	6.65	18.34

续上表

出发/到达	宜宾	泸州	重庆	宜昌	荆州	岳阳	洪湖	武汉	黄石	九江	安庆	池州	铜陵
南京	0	0	191.43	61.42	28.63	438.11	11.32	172.5	89.46	143.3	52.66	42.72	126.55
扬州	0	0	10.94	2.08	0.16	5.47	0	9.63	6.62	12.1	0.67	176.04	89.45
镇江	0	0	221.54	65.07	19.42	84.28	0.05	623.85	171.02	147.27	30.67	74.26	78.95
泰州	0	0	62.13	7.82	27.18	83.25	0.34	163.29	115.25	198.12	48.19	7	87.63
常州	0	0	16.62	1.4	2.07	22.5	0	15.44	35.8	78.02	2.05	2.16	4.44
无锡(江阴)	0	0	41.57	4.82	6.67	45.47	0	44.38	137.24	38.9	4.76	10.82	16.84
张家港	0	0	75.47	3.93	13.78	29.77	0.46	126.62	51.58	93.83	83.39	52.56	23.45
南通	0	0	262.09	68.19	82.27	351.24	5.07	384.18	296.69	271.14	44.71	104.77	179.9
常熟	0	0	25.8	0.62	0	15.05	0	50.32	21.98	19.02	2.93	0	25.39
太仓	0	0	75.16	1.65	1.65	70.52	0	643.34	192.66	143.42	1.84	11.69	12.77
上海	0	0	227.23	8.35	4.05	259.78	0.59	163.23	60.54	305.91	6.15	9.47	87.39
岷江	0	0	3.61	0	0.92	0	0	0.28	0.22	0	0	0	0.15
嘉陵江	0	0	10.94	0.32	2.34	0.08	0	0.56	0.13	0.3	1.16	0	0
乌江	0	0	161.08	9.56	15.28	4.4	0	2.74	0.42	1.05	0.59	0	0.57
清江	0	0	115.02	210.37	37.4	11.83	1.12	17.79	66.09	5.82	0.38	0.3	76.49
湘江	0	0	12.57	33.16	21.08	24.15	1.14	160.47	15.79	10.79	2.57	0.34	4.58
汉江	0	0	7.9	9.87	3.7	3.06	0.1	12.33	20.41	9.89	1.2	0.89	2.12
赣江	0	0	1.72	1.44	3.69	0.44	0	5.18	2.78	38.08	70.81	9.65	44.25
芜太运河	0	0	0	0	0	0	0	0	0	0	0.1	0.39	0
裕溪河	0	0	0	0	0.21	0.11	0	0.44	1.12	1.3	0.56	2.46	1.86
秦淮河	0	0	0	0	0	0	0	0.06	0.05	0.03	0	0	0.17
京杭运河河北段	0	0	5.58	3.41	1.64	2.34	0	5.33	19.24	57	8.9	15.26	10.11
京杭运河河南段	0	0	7.41	1.01	2	3.02	0.45	20.84	13.58	9.66	2.46	4.1	5.35
黄浦江	0	0	91.5	32	7.57	48	3.22	110.64	31.61	49.29	7.64	8.62	17.94
海进江	0	0	0	0	0.1	0.99	0	64.33	16.68	17.11	28.17	42.88	86

2012 年长江干线货运到发 OD 表(单位:万吨)　　表 5-10(B)

出发/到达	芜湖	马鞍山	南京	扬州	镇江	泰州	常州	无锡(江阴)	张家港	南通	常熟	太仓	上海
宜宾	6.83	2.96	2.64	1.69	25.58	2.03	0.08	0.44	1.24	3.15	0.38	0	0.28
泸州	2.48	9.8	2.83	2.4	3.8	21.99	0.85	1.76	4.48	0.55	0.75	0	3.33
重庆	48	18.63	55.13	15.27	35.89	71.82	37.68	53.78	70.85	36.59	14.88	7.1	53.21

续上表

出发 / 到达	芜湖	马鞍山	南京	扬州	镇江	泰州	常州	无锡（江阴）	张家港	南通	常熟	太仓	上海
宜昌	33.08	19.86	68.58	1.45	45.37	11.9	3.88	7	8.1	21.79	4.33	0.87	7.53
荆州	2.03	2.52	12.37	9.94	12.67	5.79	4.25	9.84	4.96	16.33	2.53	0.27	5.58
岳阳	17.36	9.57	209.61	33.81	129.27	191.67	1995.4	170.67	50.68	274.39	253.86	75.02	77.95
洪湖	0	0	0	0	0	0	0	0	0	0	0	0	0
武汉	34.43	16.35	91.59	26.5	44.92	22.94	42.54	51.32	22.5	43.73	46.03	11.67	140.21
黄石	67.72	41.45	181.38	67.47	147.73	295.81	470.95	138.39	236.3	442.42	261.89	20.43	41.02
九江	60.9	63.1	180.82	123.31	84.56	136.7	114.25	118.53	181.55	280.45	225.01	11.85	123.71
安庆	37.42	57.97	58.16	32.31	36.87	93.4	46.75	48.97	214.02	92.21	98.21	2.03	61.74
池州	44.04	465.78	19.12	39.88	15.04	340.66	2.45	68.86	176.58	344.98	93.7	10.23	134.03
铜陵	31.37	168.08	47.58	74.34	93.74	87.81	11.22	60.64	112.16	100.27	39.49	7.63	12.19
芜湖	0	353.54	132.05	48.75	67.84	46.28	3.03	48	97.15	192.84	16.27	6.64	46.02
马鞍山	22.72	0	50.16	10.28	12.87	15.43	0.51	13.37	87.74	17.82	8.82	5.4	13.54
南京	144.71	284.07	0	48.72	88.62	48.43	9.85	99.96	128.96	113.77	27.21	29.83	252.25
扬州	124.8	86.23	114.7	0	6.39	9.58	9	12.11	4.71	6.93	5.31	14.39	56.43
镇江	129.42	203.78	272.51	46.47	0	59.42	20.31	33.18	33.71	25.19	8.17	20.4	157.5
泰州	97.84	70.65	99.96	25.68	106.85	0	8.89	59.24	69.13	37.61	19.88	23.54	51.25
常州	5.4	12.95	8.04	8.36	15.53	11.89	0	16.38	4.74	10.97	3.13	9.74	38.67
无锡（江阴）	85.09	71.52	79.91	18.71	30.73	64.81	10.4	0	66.39	34.57	21.93	31.36	60.05
张家港	47.35	83.12	151.73	39.73	41.69	40.22	5.96	43.22	0	58.61	13.48	45.32	180.17
南通	94.86	233.35	160.68	14.7	29.44	39.55	10.82	106.12	326.47	0	126.27	61.65	157.46
常熟	51.39	65.33	6.52	8.97	13.51	7.13	0.93	11.15	20.73	21.03	0	19.62	58.18
太仓	33.68	136.77	307.61	10.83	8.56	28.16	9.83	157.57	203.36	47.76	4.64	0	231.21
上海	202.06	387.87	471.83	19.24	21.89	17.61	10.52	30.25	70.35	41.3	16.65	84.66	0
岷江	0.72	0	0.32	0	0.31	0.02	0.06	0.08	0.04	0.23	0	0	0.1
嘉陵江	0	0.31	0.17	0	0.16	0	0	0	0	0	0	0	0
乌江	0.15	0	2.6	0.3	0.19	1.15	0.35	0.53	4.47	2.84	0.31	0	1.08
清江	23.91	0.46	15.91	1.86	16.48	6.84	1.25	0.39	1.36	13.76	0	0.1	0
湘江	11.99	3.97	79.79	8.13	39.64	60.55	210.05	24.71	3.75	84.79	163.49	8.77	17.94
汉江	5.01	0.88	8.6	2.7	4.26	5.11	0.55	1.71	0.86	2.08	0.79	0	0
赣江	426.63	362.02	662.76	114.09	217.5	626.67	304.16	15.92	79.58	51.24	306.91	14.84	76.97
芜太运河	1.59	2.09	0.77	0.46	0.8	2.52	0.08	6.8	1.67	2.79	0	0	0

续上表

出发 / 到达	芜湖	马鞍山	南京	扬州	镇江	泰州	常州	无锡（江阴）	张家港	南通	常熟	太仓	上海
裕溪河	25.79	57.87	13.26	11.5	4.15	8.34	1.32	24.69	3.36	1.95	0	2.15	0.29
秦淮河	0.06	0.51	1.77	0.25	0.43	0.32	0	0.62	1.38	0.88	0	0	0
京杭运河河北段	99.45	66.6	189.67	48.94	84.47	81.66	11.71	157.42	446.77	21.02	11.73	14.59	6.72
京杭运河河南段	35.05	31.55	174.71	13.03	23	130.84	0.84	7.2	98.19	35.48	29.59	2	20.52
黄浦江	75.63	99.88	125.14	19.07	56.66	44.81	5.71	56.7	53.23	122.15	15.63	54.3	321.44
海进江	741.57	1200.77	6519.73	2141.69	6299.13	5584.45	1708	5877.23	10815.21	8729.55	2033.84	5308.98	19125.09

2012 年长江干线货运到发 OD 表（单位：万吨） 表 5-10（C）

出发 / 到达	岷江	嘉陵江	乌江	清江	湘江	汉江	赣江	芜太运河	裕溪河	秦淮河	京杭运河河北段	京杭运河河南段	黄浦江	上海
宜宾	0	0	0	0	0	0	0	0	0	0	0	0	0.82	0
泸州	0	0	0	0	0	0	0	0	0	0	0	0	1.33	0
重庆	0	0	0	0	0	0	0	0	0	0	0	0	67.15	0
宜昌	0	0	0	0	0	0	0	0	0	0	0	0	26.08	0
荆州	0	0	0	0	0	0	0	0	0	0	0	0	3.39	0
岳阳	0	0	0	0	0	0	0	0	0	0	0	0	510.08	0
洪湖	0	0	0	0	0	0	0	0	0	0	0	0	0.75	0
武汉	0	0	0	0	0	0	0	0	0	0	0	0	165.24	97.11
黄石	0	0	0	0	0	0	0	0	0	0	0.09	0	168.65	29.81
九江	0	0	0	0	0	0	0	0	0	0	0	0	230.07	16.63
安庆	0	0	0	0	0	0	0	0	0	0	0	0	58.24	63.49
池州	0	0	0	0	0	0	0	0	0	0	0	0	151.22	292.38
铜陵	0	0	0	0	0	0	0	0	0	0	4.8	0	79.4	581.69
芜湖	0	0	0	0	0	0	0	0	0	0	1.95	0	96.8	1498.96
马鞍山	0	0	0	0	0	0	0	0	0	0	0.87	0	44.89	166.26
南京	0	0	0	0	0	0	0	0	0	23.49	301.75	405.7	149.99	1060.02
扬州	0	0	0	0	0	0	0	0	0	2.91	589.64	129	34.36	252.84
镇江	0	0	0	0	0	0	0	0	0	0	313.46	511.33	101.87	579.69
泰州	0	0	0	0	0	0	0	0	0	0.08	204.13	30.86	93.19	702.03
常州	0	0	0	0	0	0	0	0	0	0	18.45	15.12	10	118
无锡（江阴）	0	0	0	0	0	0	0	0	0	0.19	127.38	20	74.95	487.29
张家港	0	0	0	0	0	0	0	0	0	0.72	123.14	16.64	175.61	1444.9
南通	0	0	0	0	0	0	0	0	0	1.32	130.93	5.3	122.4	1054.13
常熟	0	0	0	0	0	0	0	0	0	0	19.01	0.68	32.51	261.58
太仓	0	0	0	0	0	0	0	0	0	0	27.3	5.24	333.29	902.84

续上表

出发 / 到达	岷江	嘉陵江	乌江	清江	湘江	汉江	赣江	芜太运河	裕溪河	秦淮河	京杭运河河北段	京杭运河河南段	黄浦江	上海
上海	0	0	0	0	0	0	0	0	0	0	0	0	210.58	7853.02
岷江	0	0	0	0	0	0	0	0	0	0	0	0	0.85	0
嘉陵江	0	0	0	0	0	0	0	0	0	0	0	0	0	0
乌江	0	0	0	0	0	0	0	0	0	0	0	0	0	0
清江	0	0	0	0	0	0	0	0	0	0	0	0	0.99	0
湘江	0	0	0	0	0	0	0	0	0	0	0	0	214.05	0
汉江	0	0	0	0	0	0	0	0	0	0	0	0	8.1	0
赣江	0	0	0	0	0	0	0	0	0	0	0	0	774.91	0
芜太运河	0	0	0	0	0	0	0	0	0	0	0	0	0.14	0
裕溪河	0	0	0	0	0	0	0	0	0	0	0	0	1.34	0
秦淮河	0	0	0	0	0	0	0	0	0	0	0.78	0.62	0.78	0
京杭运河河北段	0	0	0	0	0	0	0	0	0	1.76	0	2372.95	209.5	0
京杭运河河南段	0	0	0	0	0	0	0	0	0	0.33	844.83	0	56.17	0
黄浦江	0	0	0	0	0	0	0	0	0	0	47.83	8.77	0	1955.86
海进江	0	0	0	0	0	0	0	0	0	0	0	0	0	0

2）货物周转量测算

将上述 40 个到发点的货物交流量 OD_{ij} 与两点之间的距离 $\overline{OD_{ij}}$（支流取河口处，海取长江口处），具体见表 5-11（A、B、C）。乘积即为表中 40 个到发点产生的货运量所对应的货物周转量 Z。

$$Z=\sum_{i=1,\ j=1}^{40} OD_{ij}\cdot\overline{OD_{ij}}=63462159（万吨公里）$$

根据上述货运量的测算结果，还有 10% 的货运量所完成的货物周转量未计算进来，该部分货物的平均运距难以掌握，但初步分析，应与上述 40 个 OD 点货运量的平均运距相当，按此计算，则长江干线完成总的货物周转量 =63462159/90%=70513510（万吨公里）。

长江干线 OD 间距离（单位：公里）　　表 5-11（A）

出发 / 到达	宜宾	泸州	重庆	宜昌	荆州	岳阳	洪湖	武汉	黄石	九江	安庆	池州	铜陵
宜宾	0	120	372	1000	1148	1395	1522	1646	1789	1915	2079	2139	2175
泸州	120	0	252	768	916	1163	1270	1394	1537	1663	1827	1887	1923
重庆	372	252	0	648	796	1043	1150	1274	1417	1543	1707	1767	1803
宜昌	1000	780	648	0	148	395	502	626	769	895	1059	1119	1155
荆州	1148	1028	776	148	0	247	374	498	641	767	931	991	1027
岳阳	1395	1163	1043	395	247	0	127	251	394	520	684	744	780

续上表

出发 / 到达	宜宾	泸州	重庆	宜昌	荆州	岳阳	洪湖	武汉	黄石	九江	安庆	池州	铜陵
洪湖	1522	1270	1150	502	374	127	0	124	267	393	557	617	653
武汉	1646	1394	1274	626	498	251	124	0	143	269	433	493	529
黄石	1789	1537	1417	769	641	394	267	143	0	126	290	350	386
九江	1915	1663	1543	895	767	520	393	269	126	0	164	224	260
安庆	2079	1827	1707	1059	931	684	557	433	290	164	0	60	96
池州	2139	1887	1767	1119	991	744	617	493	350	224	60	0	36
铜陵	2175	1923	1803	1155	1027	780	653	529	386	260	96	36	0
芜湖	2283	2031	1911	1263	1135	888	761	637	494	368	204	144	108
马鞍山	2338	2086	1966	1318	1190	943	816	692	549	423	259	199	163
南京	2379	2127	2007	1359	1231	984	857	733	590	464	300	240	204
扬州	2472	2220	2100	1452	1324	1077	950	826	683	557	393	333	297
镇江	2569	2317	2197	1549	1421	1174	1047	923	780	654	490	430	394
泰州	2599	2347	2227	1579	1451	1204	1077	953	810	684	520	460	424
常州	2609	2357	2237	1589	1461	1214	1087	963	820	694	530	470	434
无锡(江阴)	2624	2372	2252	1604	1476	1229	1102	978	835	709	545	485	449
张家港	2632	2380	2260	1612	1484	1237	1110	986	843	717	553	493	457
南通	2643	2391	2271	1623	1495	1248	1121	997	854	728	564	504	468
常熟	2673	2421	2301	1653	1525	1278	1151	1027	884	758	594	534	498
太仓	2697	2445	2325	1677	1549	1302	1175	1051	908	782	618	558	522
上海	2771	2519	2399	1751	1623	1376	1249	1125	982	856	692	632	596
岷江	2	122	374	1002	1150	1397	1524	1648	1791	1917	2081	2141	2177
嘉陵江	342	222	20	668	816	1063	1170	1294	1437	1563	1727	1787	1823
乌江	352	232	10	658	806	1053	1160	1284	1427	1553	1717	1777	1813
清江	980	760	628	20	168	415	522	646	789	915	1079	1139	1175
湘江	1393	1161	1041	393	245	2	129	253	396	522	686	746	782
汉江	1644	1392	1272	624	496	249	122	2	145	271	435	495	531
赣江	1913	1661	1541	893	765	518	391	267	124	2	166	226	262
芜太运河	2281	2029	1909	1261	1133	886	759	635	492	366	202	142	106
裕溪河	2278	2026	1906	1258	1130	883	756	632	489	363	199	139	103
秦淮河	2374	2122	2002	1354	1226	979	852	728	585	459	295	235	199
京杭运河河北段	2564	2312	2192	1544	1416	1169	1042	918	775	649	485	425	389
京杭运河河南段	2564	2312	2192	1544	1416	1169	1042	918	775	649	485	425	389
黄浦江	2769	2517	2397	1749	1621	1374	1247	1123	980	854	690	630	594
海进江	2838	2718	2466	1838	1690	1443	1316	1192	1049	923	759	699	663

长江干线 OD 间距离（单位：公里）　　　　表 5-11（B）

出发 / 到达	芜湖	马鞍山	南京	扬州	镇江	泰州	常州	无锡（江阴）	张家港	南通	常熟	太仓	上海
宜宾	2283	2338	2379	2472	2569	2599	2609	2624	2632	2643	2673	2697	2771
泸州	2031	2086	2127	2220	2317	2347	2357	2372	2380	2391	2421	2445	2519
重庆	1911	1966	2007	2100	2197	2227	2237	2252	2260	2271	2301	2325	2399
宜昌	1263	1318	1359	1452	1549	1579	1589	1604	1612	1623	1653	1677	1751
荆州	1135	1190	1231	1324	1421	1451	1461	1476	1484	1495	1525	1549	1623
岳阳	888	943	984	1077	1174	1204	1214	1229	1237	1248	1278	1302	1376
洪湖	761	816	857	950	1047	1077	1087	1102	1110	1121	1151	1175	1249
武汉	637	692	733	826	923	953	963	978	986	997	1027	1051	1125
黄石	494	549	590	683	780	810	820	835	843	854	884	908	982
九江	368	423	464	557	654	684	694	709	717	728	758	782	856
安庆	204	259	300	393	490	520	530	545	553	564	594	618	692
池州	144	199	240	333	430	460	470	485	493	504	534	558	632
铜陵	108	163	204	297	394	424	434	449	457	468	498	522	596
芜湖	0	55	96	189	286	316	326	341	349	360	390	414	488
马鞍山	55	0	41	134	231	261	271	286	294	305	335	359	433
南京	96	41	0	93	190	220	230	245	253	264	294	318	392
扬州	189	134	93	0	97	127	137	152	160	171	201	225	299
镇江	286	231	190	97	0	30	40	55	63	74	104	128	202
泰州	316	261	220	127	30	0	10	25	33	44	74	98	172
常州	326	271	230	137	40	10	0	15	23	34	64	88	162
无锡（江阴）	341	286	245	152	55	25	15	0	15	19	49	73	147
张家港	349	294	253	160	63	33	23	15	0	20	41	65	139
南通	360	305	264	171	74	44	34	19	20	0	30	54	128
常熟	390	335	294	201	104	74	64	49	41	30	0	24	74
太仓	414	359	318	225	128	98	88	73	65	54	24	0	50
上海	488	433	392	299	202	172	162	147	139	128	74	50	0
岷江	2285	2340	2381	2474	2571	2601	2611	2626	2634	2645	2675	2699	2773
嘉陵江	1931	1986	2027	2120	2217	2247	2257	2272	2280	2291	2321	2345	2419
乌江	1921	1976	2017	2110	2207	2237	2247	2262	2270	2281	2311	2335	2409
清江	1283	1338	1379	1472	1569	1599	1609	1624	1632	1643	1673	1697	1771
湘江	890	945	986	1079	1176	1206	1216	1231	1239	1250	1280	1304	1378
汉江	639	694	735	828	925	955	965	980	988	999	1029	1053	1127

续上表

出发 / 到达	芜湖	马鞍山	南京	扬州	镇江	泰州	常州	无锡（江阴）	张家港	南通	常熟	太仓	上海
赣江	370	425	466	559	656	686	696	711	719	730	760	784	858
芜太运河	2	57	98	191	288	318	328	343	351	362	392	416	490
裕溪河	5	60	101	194	291	321	331	346	354	365	395	419	493
秦淮河	91	36	5	98	195	225	235	250	258	269	299	323	397
京杭运河河北段	281	226	185	92	5	35	45	60	68	79	109	133	207
京杭运河河南段	281	226	185	92	5	35	45	60	68	79	109	133	207
黄浦江	486	431	390	297	200	170	160	145	137	126	72	48	2
海进江	555	500	459	366	269	239	229	214	206	195	165	141	67

长江干线 OD 间距离（单位：公里） 表 5-11（C）

出发 / 到达	岷江	嘉陵江	乌江	清江	湘江	汉江	赣江	芜太运河	裕溪河	秦淮河	京杭运河河北段	京杭运河河南段	黄浦江	上海
宜宾	2	342	352	980	1393	1644	1913	2281	2278	2374	2564	2564	2769	2838
泸州	122	222	232	760	1161	1392	1661	2029	2026	2122	2312	2312	2517	2718
重庆	374	20	10	628	1041	1272	1541	1909	1906	2002	2192	2192	2397	2466
宜昌	1002	668	658	20	393	624	893	1261	1258	1354	1544	1544	1749	1838
荆州	1150	816	806	168	245	496	765	1133	1130	1226	1416	1416	1621	1690
岳阳	1397	1063	1053	415	2	249	518	886	883	979	1169	1169	1374	1443
洪湖	1524	1170	1160	522	129	122	391	759	756	852	1042	1042	1247	1316
武汉	1648	1294	1284	646	253	2	267	635	632	728	918	918	1123	1192
黄石	1791	1437	1427	789	396	145	124	492	489	585	775	775	980	1049
九江	1917	1563	1553	915	522	271	2	366	363	459	649	649	854	923
安庆	2081	1727	1717	1079	686	435	166	202	199	295	485	485	690	759
池州	2141	1787	1777	1139	746	495	226	142	139	235	425	425	630	699
铜陵	2177	1823	1813	1175	782	531	262	106	103	199	389	389	594	663
芜湖	2285	1931	1921	1283	890	639	370	2	5	91	281	281	486	555
马鞍山	2340	1986	1976	1338	945	694	425	57	60	36	226	226	431	500
南京	2381	2027	2017	1379	986	735	466	98	101	5	185	185	390	459
扬州	2474	2120	2110	1472	1079	828	559	191	194	98	92	92	297	366
镇江	2571	2217	2207	1569	1176	925	656	288	291	195	5	5	200	269
泰州	2601	2247	2237	1599	1206	955	686	318	321	225	35	35	170	239
常州	2611	2257	2247	1609	1216	965	696	328	331	235	45	45	160	229
无锡（江阴）	2626	2272	2262	1624	1231	980	711	343	346	250	60	60	145	214

续上表

出发 / 到达	岷江	嘉陵江	乌江	清江	湘江	汉江	赣江	芜太运河	裕溪河	秦淮河	京杭运河河北段	京杭运河河南段	黄浦江	上海
张家港	2634	2280	2270	1632	1239	988	719	351	354	258	68	68	137	206
南通	2645	2291	2281	1643	1250	999	730	362	365	269	79	79	126	195
常熟	2675	2321	2311	1673	1280	1029	760	392	395	299	109	109	72	165
太仓	2699	2345	2335	1697	1304	1053	784	416	419	323	133	133	48	141
上海	2773	2419	2409	1771	1378	1127	858	490	493	397	207	207	2	67
岷江	0	340	350	978	1391	1642	1911	2279	2276	2372	2562	2562	2767	2836
嘉陵江	340	0	10	538	939	1170	1439	1807	1804	1900	2090	2090	2295	2496
乌江	350	10	0	628	1041	1292	1561	1929	1926	2022	2212	2212	2417	2486
清江	978	538	628	0	413	664	933	1301	1298	1394	1584	1584	1789	1858
湘江	1391	939	1041	413	0	251	520	888	885	981	1171	1171	1376	1445
汉江	1642	1170	1292	664	251	0	269	637	634	730	920	920	1125	1194
赣江	1911	1439	1561	933	520	269	0	368	365	461	651	651	856	925
芜太运河	2279	1807	1929	1301	888	637	368	0	3	93	283	283	488	557
裕溪河	2276	1804	1926	1298	885	634	365	3	0	96	286	286	491	560
秦淮河	2372	1900	2022	1394	981	730	461	93	96	0	190	190	395	464
京杭运河河北段	2562	2090	2212	1584	1171	920	651	283	286	190	0	190	395	464
京杭运河河南段	2562	2090	2212	1584	1171	920	651	283	286	190	190	0	205	274
黄浦江	2767	2295	2417	1789	1376	1125	856	488	491	395	395	205	0	69
海进江	2836	2496	2486	1858	1445	1194	925	557	560	464	464	274	69	0

5.3.2　基于数学模型测算法的实证分析

根据上述测算方案，选取 2000-2012 年长江干线七省两市的 GDP、第二产业增加值、第三产业增加值、进出口贸易总额及社会消费品零售总额、沿江七省两市货运总量、沿江七省两市水路货运量、长江干线港口吞吐总量和沿江七省两市船舶净载重吨作为长江干线货运量的影响因素，长江干线货运量作为其影响的结果，基于 GRNN 神经网络和多元线性回归预测的测算实证如下：

5.3.2.1　基于 GRNN 神经网络测算方法的实证分析

1）构建网络结构

根据长江干线货物通过量的影响因素建立神经网络预测模型。GRNN 网络的输入输出节点变量描述见表 5-12。

GRNN 网络输入和输出设计　　表 5-12

结　构	节　点　数	对输入数据的相关描述
输入节点	1	GDP（国内生产总值）
	2	第二产业增加值
	3	第三产业增加值
	4	社会消费品零售总额
	5	沿江七省两市货运总量
	6	沿江七省两市水路货运量
	7	长江干线港口吞吐总量
	8	沿江七省两市船舶净载重吨
输出节点	1	长江干线货运量

2)输入数据处理

根据上述输入、输出向量的设计，收集整理各指标的历史数据，见表 5-13（A、B）、表 5-14。

输 入 数 据　　表 5-13（A）

指标	GDP（亿元）	第二产业增加值（亿元）	第三产业增加值（亿元）	社会消费品零售总额（亿元）
2000	33698.06	15383.4	12870.9	11990
2001	35999.27	16330.4	14172.8	13157.8
2002	39710.28	18664	15986.6	14117.1
2003	45446.99	21491.8	17916.4	15925.6
2004	54721.98	26397.6	20818.1	18138.5
2005	63858.04	30115.8	25536.4	22329.4
2006	74117.02	35754.4	29677	25701.3
2007	88594.23	42582.6	35631.4	30229.1
2008	105155.3	51023.1	41692	36915.7
2009	120093.6	57861.3	49581.9	43800.4
2010	144742.9	71703.41	57142.61	51975.7
2011	174056.3	87507.25	68865.01	60670.6
2012	194343.1	95855.12	78187.13	68395.35

输 入 数 据　　表 5-13（B）

指标	沿江七省两市货运总量（万吨）	沿江七省两市水路货运量（万吨）	长江干线港口吞吐总量（万吨）	沿江七省两市船舶净载重吨（万吨）
2000	420687.00	59342.00	3.87	2983.00
2001	430082.00	63396.00	4.20	3023.00
2002	451364.00	66583.00	4.52	3136.00
2003	483531.00	72751.00	4.81	4080.00

续上表

指标	沿江七省两市货运总量（万吨）	沿江七省两市水路货运量（万吨）	长江干线港口吞吐总量（万吨）	沿江七省两市船舶净载重吨（万吨）
2004	522804.00	81666.00	6.83	5253.00
2005	573985.00	94192.00	7.96	6455.00
2006	626208.00	105590.00	8.90	6833.40
2007	701976.00	120704.00	10.72	8444.00
2008	896422.00	149182.00	11.30	8808.60
2009	964560.20	150018.34	12.70	9565.52
2010	1061045.00	175984.00	15.40	12908.93
2011	1263790.00	201550.00	17.70	15410.51
2012	1432521.14	216719.48	20.32	18184.40

目 标 数 据　　表 5-14

<table>
<tr><td rowspan="4">货运量（亿吨）</td><td>2000 年</td><td>2001 年</td><td>2002 年</td><td>2003 年</td><td>2004 年</td><td>2005 年</td><td>2006 年</td></tr>
<tr><td>4.15</td><td>4.50</td><td>5.09</td><td>6.10</td><td>7.30</td><td>8.51</td><td>9.60</td></tr>
<tr><td>2007 年</td><td>2008 年</td><td>2009 年</td><td>2010 年</td><td>2011 年</td><td colspan="2">2012 年</td></tr>
<tr><td>11.32</td><td>12.20</td><td>13.30</td><td>15.02</td><td>16.60</td><td colspan="2">18.00</td></tr>
</table>

编写 Matlab 程序对原始数据进行归一化处理，使其最终值都位于区间 [0，1] 中。%P 为输入数据，t 为目标数据，P 为归一化处理后的输入样本，T 为归一化处理后的目标样本。

```
%p 为原始输入数据
p=[33698.06 15383.4 12870.9 11990 420678 59342 3.87 2983;35999.27 16330.4 14172.8 13157.8 430082 63396 4.195 3023;
39710.28 18664 15986.6 14117.1 451364 66583 4.52 3136;45446.99 21491.8 17916.4 15925.6 483531 72751 4.81 4080;
54721.98 26397.6 20818.1 18138.5 522804 81666 6.83 5253;63858.04 30115.8 25536.4 22329.4 573985 94192 7.96 6455;
74117.02 35754.4 29677 25701.3 626208 105590 8.9 6833.4;88594.23 42582.6 35631.4 30229.1 701976 120704 10.72 8444;
105155.3 51023.1 41692 36915.7 896422 149182 11.3 8808.6;120093.6 57861.3 49581.9 43800.4 964560.2 150018.34 12.7 9565.52;
144742.9 71703.41 57142.61 51975.7 1061045 175984 15.4 12908.93;174056.3 87507.25 68865.01 60670.6 1263790 201550 17.7 15410.51;
194343.1 95855.12 78187.13 68395.35 1432521.14 216719.48 20.32 18184.4];
%t 为原始目标数据
```

```
t=[4.15;4.50;5.09;6.10;7.30;8.51;9.60;11.32;12.20;13.30;15.02;16.60;18.00]
%P，T 分别表示归一化后的输入向量和目标向量
for i=1:5
P（i:）=（p（i:）-min（p（i:）））/（max（p（i:））-min（p（i:）））；
end
for i=1
T（i:）=（t（i:）-min（t（i:）））/（max（t（i:））-min（t（i:）））；
end
```

对于归一化得到的结果，考虑到网络能够获得较好的收敛性，避免由于极端数据的出现对预测造成干扰，归一化最大值取值为 0.99999，最小值取 0.00001。

3）进行 GRNN 训练

上述网络结构中输入向量有 8 个，输出向量有 1 个，与之相对应设定输入层神经元为 8 个，输出层神经元 1 个。在此基础上，选用 2000 年至 2010 年的指标样本作为训练数据，2011 年和 2012 年的数据作为测试数据进行 GRNN 网络测试。同时，由于光滑因子对网络性能影响较大，因此，在数据训练过程中需要不断调试。MATLAB 代码如下：

```
% 录入数据
load data;
%P，T 分别表示归一化后的输入向量和目标向量
% for i=1:8
% P（i，:）=（p（i，:）-min（p（i，:）））/（max（p（i，:））-min（p（i，:）））；
% end
% for i=1
% T（i，:）=（t（i，:）-min（t（i，:）））/（max（t（i，:））-min（t（i，:）））；
% end
for i=1:8
P（:，i）=（p（:，i）-min（p（:，i）））/（max（p（:，i））-min（p（:，i）））；
end
for i=1
T（:，i）=（t（:，i）-min（t（:，i）））/（max（t（:，i））-min（t（:，i）））；
end
P=P';
T=T';
···（中间部分省略）
hold;
```

在编辑代码时，将光滑因子的取值设定为 0.1，0.2，…，0.5，通过对比检验预测结果可知，光滑因子的取值越小，函数的比较效果越好；光滑因子的取值越大，逼近函数的曲线就越平

滑。网络的逼近误差和网络的预测误差见图 5-10、图 5-11。

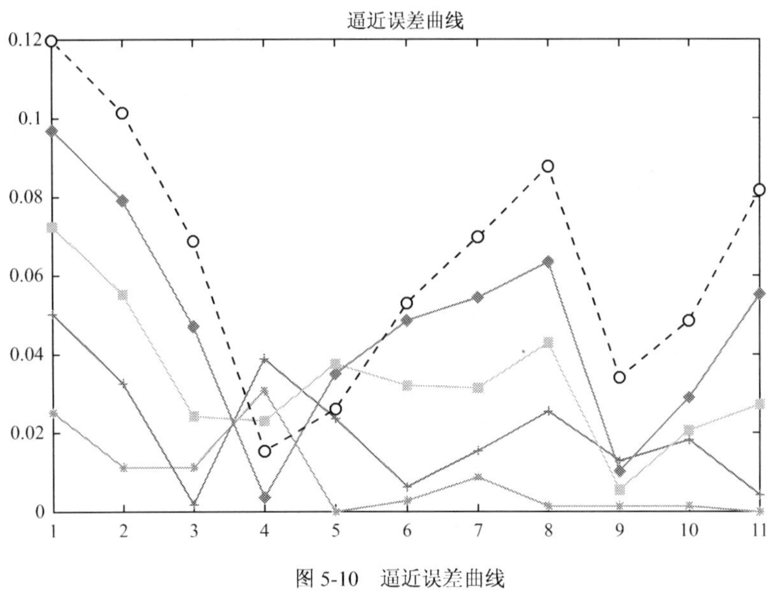

图 5-10　逼近误差曲线

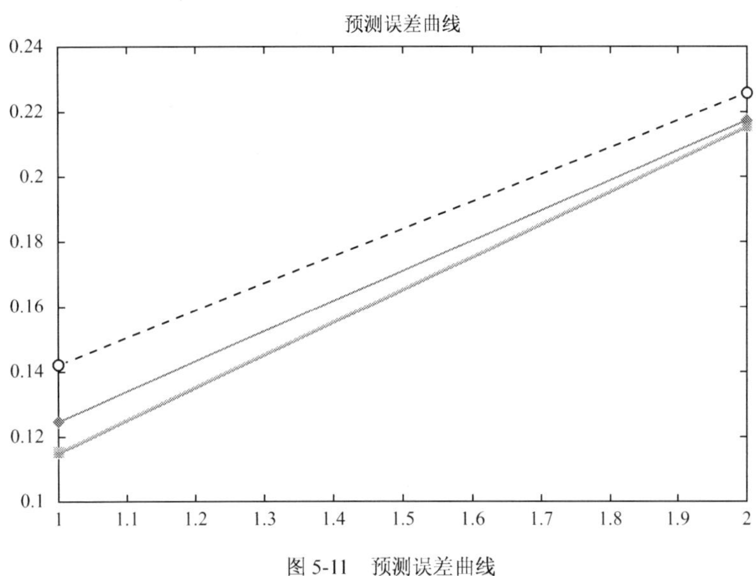

图 5-11　预测误差曲线

由图可见，当光滑因子为 0.1 时，无论是逼近性能还是预测性能，误差都比较小，随着光滑因子的增加，误差也在不断增长。从误差的角度考虑，这里的光滑因子取 0.1，经过反归一化后，网络的计算输出见表 5-15。

长江干线货运量预测相对误差表　　表 5-15

年　份	实 际 值	预 测 值	相对误差(%)
2011	16.60	15.62	5.9
2012	18.00	17.30	3.9

5.3.2.2 基于多元回归分析方法的实证分析

1)模型建立

根据上述相关性分析，长江干线货运量与沿江七省两市GDP、第二产业增加值、第三产业增加值、社会消费品零售总额、沿江七省两市货运总量、沿江七省两市水路货运量、长江干线港口吞吐量及沿江七省两市船舶净载重吨具有较好的线性相关，因此，选取此八个因素作为自变量，长江干线货运量为因变量，建立多元回归方程：

$$Y=b_0+b_1X_1+b_2X_2+b_3X_3+b_4X_4+b_5X_5+b_6X_6+b_7X_7+b_8X_8$$

其中，b_0 为常数，b_1 到 b_8 为各个自变量的系数；X_1 到 X_8 为以上影响长江干线货运量的因素；Y 是长江干线货运量的历年值。

为了避免各因素数量级对建模的影响，相对自变量和因变量的数据进行归一化处理，处理结果见表5-16。

自变量、因变量归一化结果 表5-16

Y	X_1	X_2	X_3	X_4	X_5	X_6	X_7	X_8
1.000	1.000	1.000	1.000	1.000	1.000	1.000	1.000	1.000
1.084	1.068	1.062	1.101	1.097	1.022	1.068	1.084	1.013
1.227	1.178	1.213	1.242	1.177	1.073	1.122	1.168	1.051
1.470	1.349	1.397	1.392	1.328	1.149	1.226	1.243	1.368
1.759	1.624	1.716	1.617	1.513	1.243	1.376	1.765	1.761
2.051	1.895	1.958	1.984	1.862	1.364	1.587	2.057	2.164
2.313	2.199	2.324	2.306	2.144	1.489	1.779	2.300	2.291
2.728	2.629	2.768	2.768	2.521	1.669	2.034	2.770	2.831
2.940	3.121	3.317	3.239	3.079	2.131	2.514	2.920	2.953
3.205	3.564	3.761	3.852	3.653	2.293	2.528	3.282	3.207
3.619	4.295	4.661	4.440	4.335	2.522	2.966	3.979	4.327
4.000	5.165	5.688	5.350	5.060	3.004	3.396	4.574	5.166
4.337	5.767	6.231	6.075	5.704	3.405	3.652	5.251	6.096

2)模型计算

使用SPSS软件进行多元线性回归，得到的回归方程如下：

$$Y=-0.379X_2+1.174X_3-0.507X_4-1.292X_5+1.38X_6+0.481X_7-0.171X_8+0.344$$

SPSS中的相关分析表见表5-17~表5-21所示。

模型拟合度分析表 表5-17

模 型	R	R方	调整R方	标准估计的误差
1	0.999[a]	0.997	0.993	0.09422

误差分析表　　表 5-18

模型		平方和	df	均方	F	Sig.
1	回归	15.252	7	2.179	245.419	.000[a]
	残差	0.044	5	0.009		
	总计	15.296	12			
a. 预测变量:(常量),船舶总吨位 X_8,水路货运量 X_6,货运总量 X_5,吞吐量 X_7,社会消费品总额 X_4,二产业增加值 X_2,三产业增加值 X_3;						
b. 因变量:干线货运量 Y						

预测系数表　　表 5-19

模型		非标准化系数		标准系数	t	Sig.
		B	标准误差			
1	(常量)	0.344	0.318		1.082	0.329
	二产业增加值 X_2	−0.379	0.464	-0.594	-0.818	0.451
	三产业增加值 X_3	1.174	0.776	1.752	1.512	0.191
	社会消费品总额 X_4	−0.507	0.604	-0.714	-0.839	0.440
	货运总量 X_5	−1.292	0.665	-0.917	-1.943	0.110
	水路货运量 X_6	1.380	0.485	1.116	2.846	0.036
	吞吐量 X_7	0.481	0.500	0.593	0.961	0.381
	船舶总吨位 X_8	−0.171	0.283	-0.247	-0.603	0.573
a. 因变量:干线货运量 Y						

已排除的变量　　表 5-20

模型		Beta In	t	Sig.	偏相关	共线性统计量
						容差
1	国内生产总值 X_1	4.762[a]	.490	.650	.238	7.241E-6
a. 模型中的预测变量:(常量),船舶总吨位 X_8,水路货运量 X_6,货运总量 X_5,吞吐量 X_7,社会消费品总额 X_4,二产业增加值 X_2,三产业增加值 X_3;						
b. 因变量:干线货运量 Y						

残差统计量　　表 5-21

	极小值	极大值	均值	标准偏差	N
预测值	1.0313	4.3508	2.4410	1.12738	13
残差	−0.09683	0.12169	0.00000	0.06082	13
标准预测值	−1.250	1.694	.000	1.000	13
标准残差	−1.028	1.291	.000	.645	13
a. 因变量:干线货运量 Y					

由以上的误差及函数拟合度可知,建立的多元回归方程适用于对长江干线货运量的预测，2011 年和 2012 年的预测结果对比表见表 5-22。

长江干线货运量预测相对误差表 表 5-22

年　份	实 际 值	预 测 值	相对误差(%)
2011	16.60	16.71	0.67
2012	18.00	18.04	0.22

由 GRNN 神经网络与多元回归的预测结果可知，近 13 年的长江干线货运量更趋向于线性，所以更适合使用多元回归预测，但是随着各项经济指标达到饱和后，长江干线货运量的增长会更类似于生长曲线，所以在未来，使用 GRNN 神经网络预测会更为合理。目前仍然取多元回归的预测结果，长江干线货物通过量为 18 亿吨。

5.3.2.3　长江干线货物周转量的测算

基于数学模型测算法测得长江干线货运量后，主要基于沿江各省市内河货运量及货物周转量计算平均运距，并以各省市货运量为权重计算的加权平均运距视为长江干线货物的平均运距。经计算，2012 年长江干线货物平均运距为 384.20 公里(表 5-23)。

2012 年沿江七省两市内河货运量及平均运距计算表 表 5-23

省(市)	内河货运量（万吨）	内河货物周转量（万吨公里）	平均运距（公里）	权重	加权平均运距（公里）
云南	465	87110	187.333	0.003	0.62
四川	7161	1036767	144.780	0.051	7.39
重庆	12754	17352716	1360.570	0.091	123.65
湖北	11836	7407585	625.852	0.084	52.79
湖南	18622	4158518	223.312	0.133	29.63
江西	7426	1329992	179.099	0.053	9.48
安徽	38402	13817841	359.821	0.274	98.46
江苏	41007	8236009	200.844	0.292	58.69
上海	2662	489474	183.875	0.019	3.49
合计					384.20

基于 GRNN 神经网络测算的 2012 年长江干线货运量为 17.30 亿吨，采用多元回归分析方法的长江干线货运量为 18.04 亿吨，则两种测算方法的货物周转量分别为 6647 亿吨公里和 6931 亿吨公里。

第6章

长江航运市场集中度测算理论与方法

市场集中度又称产业集中度，是产业组织理论中的概念。从1980年马歇尔（Alfred Marshall）的《经济学原理》到张伯伦（E.H.Chamberlin）、加尔布雷斯（Galbraith John Kenneth）的经济理论，及新产业组织理论等，均把产业集中度作为产业组织理论的基础和核心内容。20世纪30年代以来，随着研究的深入，逐渐形成了西方产业组织经济学的主流观点——SCP框架（Structure-Conduct-Performance，结构—行为—绩效）。其中，市场结构主要包括集中度、产品差异、规模经济、进入障碍和政府管制；企业行为主要涉及合谋和策略性行为、广告和研究开发等方面；市场绩效包括资源配置效率、利润率、生产率等。哈佛学派认为三者之间存在递进制约的因果关系，产业结构决定了产业内的竞争状态，并决定了企业的行为及其战略，从而最终决定企业的绩效。为了获得良好的市场绩效，必须采取积极的反托拉斯政策和政府管制，以改善市场结构，进而规范企业的市场行为。

在SCP框架中，作为市场结构衡量指标的集中度和作为市场绩效标准的利润率之间的关系密切。大量理论和调查研究发现，市场集中度和利润率并不存在一种简单的线性关系，而是一种非线性和非连续的关系。罗德斯和克利弗（Rhoades and Cleaver）分析了1967年美国352个制造业数据，发现$CR_4<50\%$时集中度与平均利润率之间没有明显的联系，$CR_4>50\%$时平均利润率会急剧上升，CR_4超过80%后利润率继续上升的速度就缓慢了。德姆塞茨（Demsetz）发现，集中度与行业利润率之间关系为非线性的双S曲线，当集中度超过50%后，两者之间的正相关关系开始明显出现；而在10%～50%的区间，利润率不仅不随集中度的提高而上升，有时反而会有所下降，即存在一个“50%”的临界点。但对于“临界点”的具体位置，目前学术界尚存在争议。日本学者松代和郎认为，CR_3等于50%是临界点；而植草益则认为，CR_8等于40%和70%都是临界点。

6.1 长江航运市场集中度的基本内涵及测算方法

6.1.1 基本内涵

长江航运市场涉及面广，从市场主体看，主要是从事长江航运相关经营活动的港口企业和航运企业；从服务对象看，有旅客和货物，而货物主要包括干散货、液体散货、集装箱、滚装车辆（包括商品汽车和载货汽车）等货种；从市场份额看，主要可从能力和产量两个方面进行衡量。因此，长江航运市场集中度是一个综合概念，并非一个单一指标，而是长江航运市场主体在市场中产 - 能结构集中度的统称，反映市场主体数量和相对规模的差异，可为相关管理部门、市场主体乃至社会各界掌握长江航运市场动态提供信息参考。

本研究仅对货运市场集中度进行分析。长江航运市场集中度具体包括：长江港口、航运企业市场中运力和运量的集中度，包括干散货、液体散货、集装箱和滚装车辆等货种。本研究所采集的样本企业范围如下：

——长江港口企业，主要指长江干线港口企业，即包括云南、四川、重庆、湖北、湖南、江西、安徽、江苏等 7 省 1 市的干线港口企业。

——长江航运企业，主要指具有长江干线运输业务的内河航运企业，企业属地范围涉及长江水系 14 省市，主要集中在云南、四川、重庆、河南、湖北、湖南、江西、安徽、江苏等 8 省 1 市。

6.1.2 测算方法

经过多年的理论和实践研究，市场集中度已经形成了国际通用的衡量指标，主要包括绝对市场集中度和相对市场集中度。其中，绝对集中度常用指标是行业集中率（CR_n）；相对集中度常用指标有：洛仑兹曲线（Lorenz Curve）、基尼系数（Gini Coefficient）和赫尔芬达尔—赫希曼指数（HHI）等。与其他指标相比，HHI 有明显的优势。第一，HHI 包含了所有企业的规模信息，能够反映出绝对集中度所无法反映的集中差别；第二，由于“平方和”计算的放大性，HHI 对规模最大的前几个企业的市场的变化反映特别敏感，能够较为真实地反映市场中企业之间规模的差距大小。因此，HHI 目前也是国际上通用的计算市场集中度方式。

但是，计算 HHI 对基础数据要求特别高，需要收集到该市场上所有企业市场份额信息，因此，在实际工作中，通常是取市场规模较大的前几家企业的市场份额进行计算。本书采用赫尔芬达尔—赫希曼指数对长江航运市场集中度进行计算分析。

赫尔芬达尔—赫希曼指数是由经济学家赫尔芬达尔（Herfindahl）和赫希曼（Hirschman）各自独立提出来的，该指数的计算公式如下：

$$HHI = \sum_{i=1}^{n}\left(\frac{x_i}{X}\right)^2 = \sum_{i=1}^{n}(S_i)^2 \tag{6-1}$$

式中：X——某一产业市场的总规模；

x_i——某一产业中第 i 位企业的市场份额；

S_i——某一产业中第 i 位企业的市场占有率；

n——某一产业中的企业总数。

HHI 值越大，表明市场集中度越高，当市场处于完全垄断时，HHI=1；当市场上有许多企业，且规模都相同时，HHI=1/n，n 趋向无穷大，HHI 就趋向于 0，即 HHI 值介于 0 与 1

之间。但通常的表示方法是将其值乘上 10000 而予以放大，故 HHI 应介于 0 到 10000 之间。美国司法部（Department of Justice）利用 HHI 作为评估某一产业集中度的指标，并且订出下列标准，见表 6-1。

以 HHI 值为基准的市场结构分类　　表 6-1

市场结构	过度集中	高度集中	比较分散	极其分散
HHI 值	HHI ≥ 1800	1800>HHI ≥ 1000	1000>HHI ≥ 500	500<HHI
市场特点	高度集中，少数厂商垄断市场，甚至出现独占	集中度较高，企业市场有一定控制力	集中度低，厂商数量很多	无明显集中现象，近乎完全竞争市场

鉴于长江航运市场的特殊性，港口企业能力及吞吐量的集中度按照现有分类标准区分度不大，并不能完整体现行业的集中度水平，因此我们提出 800>HHI ≥ 500 为市场比较分散，1200>HHI ≥ 800 为市场适度集中，1800>HHI ≥ 1200 为市场高度集中，并在后面的分析中加以说明。

6.1.3　数据来源及处理

长江航运市场集中度涉及的对象和范围较广，计算所需的数据包括港航企业分货种的能力、产量、效益等多方面，而且许多数据还属于企业商业机密范畴，收集和处理难度较大。

1）数据来源

研究所需基础数据来源主要有三个方面：一是统计资料，包括年度长江水系航运统计资料、长江航运发展报告及各省市港航管理部门统计资料，收集各省市长江干线港口吞吐总能力、吞吐总量及航运各省市的总运力及分货类运力、货运总量及分货类货运量等信息。二是调研数据，通过函调、座谈及电话询问等方式，调研收集沿江各省市规模港口企业、航运企业年度生产经营数据，各省市港口企业码头泊位能力和航运企业年度经营资质核查数据，长江港口协会、船东协会会员单位及相关专业委员会成员单位的基础数据，在此基础上，分析各省市能力和产量排名前列的港航企业。三是信息系统，主要是依托交通电子口岸重庆分中心信息系统及重庆航运交易电子商务平台，收集长江上游航运企业及重庆港口企业生产经营数据，辅助分析和验证长江上游能力和产量排名前列的港航企业。

2）数据处理

基于数据收集过程中存在的困难和问题，结合长江港航企业特点，在计算市场集中度时对数据处理考虑如下：

一是关于规模企业数量的选取。理论上，利用赫希曼指数（HHI）计算市场集中度应涉及市场中所有企业经营情况。但由于长江航运市场主体众多，总体处于小而散的状态，数据难以收集齐全，同时考虑到赫希曼指数（HHI）对市场份额具有放大效应，通常排名在 10 名以外的市场份额较小，对计算赫希曼指数影响也较小，因此本研究选取各货种市场排名前 10 位的企业计算长江航运市场集中度。为进一步了解分区域航运市场集中度情况，本研究还分上、中、下游三个片区计算市场集中度，根据数据收集情况，一般取排名前 4 位的企业计算集中度，基础数据较为齐全的则适当扩展，最多选择10家企业，此外少数货种如滚装车辆等在部分地区数量较少，则选取的企业数量会低于4家。

二是关于市场主体范围的处理。根据上述关于长江航运市场集中度的基本内涵，长江港口企业主要为长江干线港口企业；长江航运企业涉及整个长江水系省市，具体计算以长江干线省市为主，选取市场份额比重大，具有代表性的8省1市（云南、四川、重庆、河南、湖南、湖北、江西、安徽、江苏）。同时因承载海进江的航运企业数据难以统计，现阶段仅对内河航运企业进行分析。此外，考虑到下游江苏以下港航企业的规模较大，本研究将安徽省划分为中游片区进行分析。并且通过调研分析发现，长江下游浙江、上海地区从事长江内河运输的船舶运力较少，相比江苏地区的内河船舶运力仅为其1/10，因此本研究的下游航运企业市场集中度以江苏省为主。

三是关于市场总量数据的处理。长江干线港口吞吐能力和吞吐量的总量规模可通过沿江各省市港航管理部门的统计数据获取。而长江航运企业运力和运量的总量规模获取难度较大，这一方面是由于沿江各省市对本地区运力和运量的统计是按"水路运输"口径统计的，仅有内河与沿海之分，并未区分是长江运力、运量或是地区内河运力、运量；另一方面是由于本研究所涉及的航运企业包括河南、贵州等非长江干线省市，这一部分航运企业的运力和运量在长江航运市场中难以反映。因此，以长江干线云南、四川、重庆、河南、湖北、湖南、江西、安徽、江苏等8省1市的内河船舶运力和内河货运量作为长江航运企业市场的总量数据。

6.2 长江港口企业市场集中度分析

6.2.1 港口企业基本情况

改革开放以来，长江港口发展环境发生了深刻变化。1985年以后长江港口逐步下放地方政府管理，实行政企分开。2004年《港口法》正式出台，为长江港口企业大规模利用社会资本提供了机制和法律保障，短时间内出现了多种资本争相投资长江港口码头建设的局面，港口核心资产纷纷改制成为多元化投资的股份有限公司。

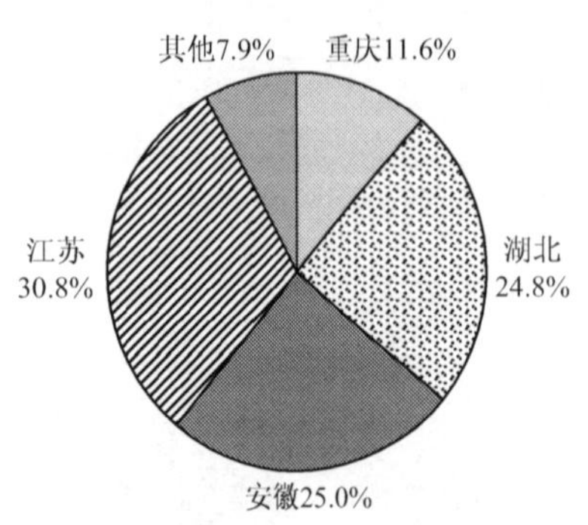

图6-1 长江港口企业分布情况图

目前，长江港口企业所有制形式多样，资本构成包括国有资本、境外资本和民间资本等，企业实现了股权多元化，资本经营多元化。截至2014年，长江沿江各省市经港航管理部门发证经营的港口企业共2600余家，主要分布在重庆、湖北、安徽和江苏等地，约占长江港口企业总量的90%。长江港口企业分布情况见图6-1。

长江干线已基本形成以上海国际航运中心为龙头，武汉长江中游航运中心、重庆长江上游航运中心及南京区域性航运物流中心为主体，以国家主要港口为骨干、地区重要港口为基础，层次分明的港口体系，形成了较为完善的集装箱、矿石、煤炭、汽车滚装、液化等专业化运输体系。

截至 2014 年，长江干线港区共拥有生产性泊位 3742 个，散货、件杂货物年综合通过能力 17.75 亿吨、集装箱年综合通过能力 1883.85 万 TEU，滚装车辆 472.7 万辆；完成货物吞吐量 22.8 亿吨，其中散货、件杂货物吞吐量 19.92 亿吨，集装箱吞吐量 1352.4 万 TEU，滚装车辆 142.7 万辆。2014 年长江干线港口吞吐能力和吞吐量总体规模见表 6-2、表 6-3。

2014 年长江干线港口基本情况表　　表 6-2

地区	全社会生产用码头泊位		综合通过能力		
	泊位个数（个）	码头总延长（米）	散货、件杂货（万吨）	集装箱（万 TEU）	汽车（万辆）
合计	3742	400346	177518.6	1883.85	472.7
云南	17	900	234		
四川	131	11185	2488	150	40
重庆	527	60671	10697	370	149
湖北	1155	106190	23657	191	149
湖南	62	6004	2974	33	
江西	163	16803	8819	35	
安徽	544	45547	33861.6	55.35	72
江苏	1143	153046	94788	1049.5	62.7

2014 年长江干线港口吞吐量表　　表 6-3

地区	货物吞吐量		集装箱吞吐量			商品汽车滚装吞吐量（万辆）	载货汽车滚装吞吐量（万辆）
	合计（万吨）		箱数（万 TEU）	重量（万吨）			
	货物量	其中：外贸		总量	其中：货重		
合计	228359.4	33098.1	1352.4	14994.4	13874.2	77.2	65.5
云南	345.1	317.1	—	—	—	—	—
四川	3842.9	50.6	44.1	499.4	415.4	—	—
重庆	13171.7	5069.0	101.5	1194.4	984.2	38.4	32.6
湖北	25629.3	1248.9	125.6	182.4	1568.2	25.2	32.9
湖南	3194.9	240.2	22.1	273.4	229.8	—	—
江西	8035.9	201.5	22.4	276.6	232.3	—	—
安徽	30221.6	411.4	60.7	460.0	339.4	8.2	—
江苏	143918.0	25559.4	976.0	12108.2	10104.9	5.4	—

6.2.2 港口吞吐能力集中度

2014年，长江干线港口折算货物吞吐能力（港口设计能力，集装箱、滚装吞吐能力按照各地区实际情况进行折算，下同）约198786.4万吨，其中，排名前10位的港口企业集中分布在长江下游，吞吐能力所占比重为24.72%，港口企业吞吐能力的HHI为77，极其分散，近乎完全竞争状态。长江干线港口企业吞吐能力排名前10的企业及其市场集中度见表6-4。

长江干线港口企业吞吐能力集中度　　表6-4

序号	企业名称	吞吐能力比重(%)	HHI值
1	重庆港务物流集团	5.30	77
2	南京港(集团)有限公司	3.26	
3	武汉港务集团有限公司	3.02	
4	张家港海力码头有限公司	2.69	
5	太仓武港码头有限公司	1.60	
6	南通港口集团有限公司	1.48	
7	马鞍山港口(集团)有限责任公司	1.45	
8	镇江港务集团	1.45	
9	华能太仓港务有限责任公司	1.36	
10	张家港港务集团有限公司	1.03	
合计		24.72	

长江干线港口各主要货种市场集中度情况如下。

1)干散货

2014年长江干线港口干散货吞吐能力总量为141218.47万吨，排名前10位的港口企业吞吐能力占比为17.18%，其HHI值为32，极其分散，见表6-5。

长江干线港口企业干散货吞吐能力集中度　　表6-5

序号	企业名称	吞吐能力比重(%)	HHI值
1	张家港海力码头有限公司	2.94	32
2	太仓武港码头有限公司	2.26	
3	南京港(集团)有限公司	2.03	
4	华能太仓港务有限责任公司	1.91	
5	芜湖海螺水泥有限公司	1.42	
6	武汉港务集团有限公司	1.42	
7	马鞍山港口(集团)有限责任公司	1.35	
8	镇江港务集团	1.34	
9	扬州海螺有限责任公司	1.31	
10	铜陵海螺水泥有限公司	1.20	
合计		17.18	

2)液体散货

2014 年长江干线港口液体散货吞吐能力总量为 8832.98 万吨,排名前 10 位的港口企业吞吐能力占比为 82.42%,液体散货吞吐能力 HHI 值为 830,市场适度集中,若加上所有尾数企业则其 HII 值接近高度集中状态,见表 6-6。

长江干线港口企业液体散货吞吐能力集中度　　表 6-6

序号	企业名称	吞吐能力比重(%)	HHI 值
1	南京港(集团)有限公司	18.79	830
2	中石化资产经营管理公司安庆分公司	9.62	
3	中国石化集团长岭分公司油港管理处	9.06	
4	南京扬子石化运输有限责任公司	8.73	
5	中石化股份有限公司九江分公司	7.36	
6	中国石化集团资产经营管理有限公司金陵石化分公司炼油厂	7.23	
7	中国石化集团巴陵石化分公司	6.71	
8	常州新润石化仓储有限公司	5.43	
9	双狮(张家港)物流有限公司	4.96	
10	南通阳鸿石化储运有限公司	4.52	
合计		82.42	

3)集装箱

2014 年长江干线港口集装箱吞吐能力总量 1883.85 万 TEU,排名前 10 位的港口企业吞吐能力占比为 76.76%,集装箱吞吐能力 HHI 值为 748,介于适中区域,见表 6-7。

长江干线港口企业集装箱吞吐能力集中度　　表 6-7

序号	企业名称	吞吐能力比重(%)	HHI 值
1	重庆港务物流集团	14.97	748
2	武汉港务集团有限公司	10.88	
3	太仓港正和兴港集装箱码头有限公司	10.62	
4	太仓港投资发展有限公司	10.62	
5	苏州现代货箱码头有限公司	9.55	
6	南京港(集团)有限公司	6.37	
7	江阴苏南国际集装箱码头有限公司	4.25	
8	太仓国际集装箱码头有限公司	3.45	
9	张家港港务集团有限公司	3.40	
10	宜昌港务集团	2.65	
合计		76.76	

4)滚装车辆

2014 年长江干线港口滚装车辆吞吐能力总量为 472.7 万辆,市场份额排名前 10 位的港口企业吞吐能力占比为 68.16%,滚装车辆吞吐能力 HHI 值为 631,比较分散,见表 6-8。

长江干线港口企业滚装车辆吞吐能力集中度　　表 6-8

序号	企业名称	吞吐能力比重(%)	HHI 值
1	重庆港务物流集团	17.56	631
2	武汉港务集团有限公司	8.32	
3	四川泸州港务有限公司	6.93	
4	南京港(集团)有限公司	6.93	
5	秭归银杏沱滚装码头	6.93	
6	重庆轮船(集团)有限公司	6.93	
7	泰州港务有限公司	5.78	
8	重庆航运建设发展有限公司	4.16	
9	奇瑞汽车(芜湖)滚装码头有限公司	2.31	
10	忠县强安港埠公司	2.31	
合计		68.16	

6.2.3 港口吞吐量集中度

2014 年长江干线港口完成货物吞吐量 228359.4 万吨，其中，市场份额排名前 10 位的港口企业吞吐量占比为 23.61%，港口吞吐量的 HHI 值为 62，市场极其分散。与港口吞吐能力分布情况相对应，港口吞吐量主要由长江下游港口完成。长江干线港口企业吞吐量排名前 10 的企业及其市场集中度见表 6-9。

长江干线港口企业吞吐量集中度　　表 6-9

序号	企业名称	吞吐量比重(%)	HHI 值
1	南京港(集团)有限公司	3.92	62
2	张家港海力码头有限公司	3.20	
3	镇江港务集团	2.96	
4	南通港口集团有限公司	2.78	
5	太仓武港码头有限公司	2.21	
6	张家港港务集团有限公司	2.19	
7	重庆港务物流集团	2.01	
8	武汉港务集团有限公司	1.90	
9	扬州港务集团有限公司	1.30	
10	泰州港务集团有限公司	1.15	
合计		23.61	

长江干线港口各主要货种吞吐量的市场集中度情况如下。

1）干散货

2014 年长江干线港口完成干散货吞吐量 166755.57 万吨，市场份额排名前 10 位的港口企业吞吐量占比为22.79%，其HHI值为58，市场极其分散，见表6-10。

长江干线港口企业干散货吞吐量集中度　表6-10

序号	企业名称	吞吐量比重(%)	HHI值
1	张家港海力码头有限公司	3.33	58
2	镇江港务集团	3.26	
3	南通港口集团有限公司	3.07	
4	太仓武港码头有限公司	3.02	
5	南京港(集团)有限公司	2.12	
6	扬州港务集团有限公司	1.76	
7	张家港港务集团有限公司	1.70	
8	武汉港务集团有限公司	1.63	
9	如皋港务集团有限公司	1.48	
10	泰州港务集团有限公司	1.43	
合计		22.79	

2)液体散货

2014年长江干线港口液体散货吞吐量为10430.28万吨，市场份额排名前10位的港口企业吞吐量占比为44.12%，其HHI值为464，极其分散向比较分散逼近，见表6-11。

长江干线港口企业液体散货吞吐量集中度　表6-11

序号	企业名称	吞吐量比重(%)	HHI值
1	南京港(集团)有限公司	19.66	464
2	南京扬子石化运输有限责任公司	4.03	
3	常州新润石化仓储有限公司	4.60	
4	中国石化集团巴陵石化分公司	3.83	
5	中石化资产经营管理公司安庆分公司	2.87	
6	重庆港务物流集团	2.48	
7	中国石化集团长岭分公司油港管理处	1.92	
8	芜湖二环力克油库码头	1.92	
9	泰州港务集团有限公司	1.61	
10	张家港港务集团有限公司	1.21	
合计		44.12	

3)集装箱

2014年长江干线港口完成集装箱吞吐量1352.42万TEU，市场份额排名前10位的港口企业吞吐量占比为61.48%，其HHI值为656，市场比较分散，见表6-12。

长江干线港口企业集装箱吞吐量集中度 表 6-12

序号	企业名称	吞吐量比重(%)	HHI 值
1	南京港(集团)有限公司	20.34	656
2	苏州现代货箱码头有限公司	9.09	
3	张家港港务集团有限公司	7.05	
4	重庆港务物流集团	6.26	
5	武汉国际集装箱有限公司	4.94	
6	武汉港务集团有限公司	4.47	
7	南通港口集团有限公司	4.07	
8	安徽皖江物流(集团)股份有限公司	2.49	
9	上港集团九江港务有限公司	1.49	
10	城陵矶新港公司	1.28	
合计		61.48	

4)滚装车辆

2014 年长江干线港口完成滚装车辆吞吐量为 142.73 万辆,市场份额排名前 9 位的港口企业吞吐量占比为 90.33%,其 HHI 值为 1380,市场高度集中,见表 6-13。

长江干线港口企业滚装车辆吞吐量集中度 表 6-13

序号	企业名称	吞吐量比重(%)	HHI 值
1	秭归银杏沱滚装码头	21.02	1380
2	重庆港务物流集团	19.95	
3	重庆轮船(集团)有限公司	16.93	
4	重庆长江轮船公司	10.35	
5	武汉港务集团有限公司	10.02	
6	奇瑞汽车(芜湖)滚装码头有限公司	5.75	
7	忠县强安港埠公司	2.51	
8	泰州港务集团有限公司	1.98	
9	南京港(集团)有限公司	1.84	
合计		90.33	

6.2.4 长江港口企业市场集中度综合评价

长江干线港口企业分货种和分区域的市场集中度测算见表 6-14。

长江干线港口企业分货种和分区域的市场集中度　　表 6-14

货种	吞吐能力				吞吐量			
	合计	上游	中游	下游	合计	上游	中游	下游
总量	77	2385	92	83	62	703	60	106
干散货	32	85	41	87	58	177	52	117
件杂货	—	—	480	159	—	—	407	144
液体散货	830	916	2146	924	464	1833	1832	645
集装箱	748	3403	4090	1151	656	3938	1809	1081
滚装车辆	631	2212	483	4030	1380	3227	2665	5007

长江港口企业市场集中度总体呈如下特点：

第一，市场整体集中度水平低。从总量数据来看，无论是港口通过能力还是港口吞吐量，均处于完全竞争状态。港口企业吞吐能力的 HHI 为 77，港口吞吐量的 HHI 为 58，长江干线港口企业市场主体极其分散。

第二，分货种市场集中度参差不齐。干散货市场集中度最低，液体散货、集装箱和滚装车辆等专业化市场集中度较高。长江干线主要承担大宗散货运输，而且干散货装卸市场准入门槛低，因此，在过去的几十年里干散货码头发展迅速，同时也出现了一批小、散、杂码头，同质化竞争严重，企业经营效益呈下滑态势，发展后劲不足。相对而言，液体散货、集装箱和汽车滚装装卸的专业化要求较高，初期投资较大，经营企业数目较少，因此市场相对集中，利润较高，企业效益较好。

第三，不同区域市场集中度差异较大。长江上游港口企业市场集中度相对较高，企业效益普遍较好，这主要是因为长江上游多采取政府主导型港口资源整合战略（如重庆港务物流集团有限公司），统筹港口功能和能力布局，有效遏制了恶性竞争，保证了货源优势，而且提高了议价能力，保障了企业盈利水平。长江中游港口企业市场集中度相对较低，岸线码头林立，码头小而散，一些小企业纷纷采取压价竞争的方式抢抓货源、抢占市场，港口之间很难站在同等水平和高度开展资源整合及深入合作，企业盈利水平也因此受到影响。长江下游区位和水深条件较好，而且长江水路运输主要集中在下游地区，因此，长江下游各大港口呈相对均衡发展态势，市场集中度不高，港口之间的竞争比较激烈。

形成长江港口企业集中度现状的原因主要有以下几个方面：

一是自然环境因素。长江属于横跨东西的天然水域，上、中、下游自然环境、航道条件、腹地经济等差异较大，造成了不同区段港口在建设难度、船舶靠泊吨级、装卸货种、货物吞吐量及流量流向等方面的差异，因此不同区段港口企业市场集中度水平差异较大。

二是港口企业自身因素。长江港口市场主体服务和管理水平尚未完全向现代企业转型，服务功能单一，大部分长江港口企业盈利主要依赖传统装卸，港口综合物流等延伸服务规模并未形成，服务水平与海港相比存在一定差距，亟待通过转型升级提高企业核心竞争力。

三是体制机制及市场管理因素。由于港口发展的历史原因，港口管理体制发生了变化，长江港口由以前的双重领导变为下放地方管辖，各地将港口岸线作为招商引资的筹码随意审批，使得长江沿线小码头迅速滋生，严重扰乱了市场秩序，造成了市场的无序竞争。这种经营“逆淘汰”的不正常社会现象，导致规模大、手续齐全、管理规范的大型港口企业往往无法与无牌无证、成本低廉的小公司公平竞争，从而造成了主要港口企业集中度不高的原因。同时，流域性的规划引领作用发挥不力，扶持规模企业做大做强的政策引领不够，导致市场结构亟待优化的局面。

6.3 长江航运企业市场集中度分析

6.3.1 航运企业基本情况

改革开放以来，国家鼓励多种所有制经济共同发展，前期，交通部出台“有水大家行船”、“全民、集体、个体一起上”的政策，打破了独家经营、条块分割、干支不通、江海不畅的局面，形成了干支相通、江海直达，多层次、多渠道、多元化的长江运输市场。随着改革开放的不断深入，长江航运市场体系逐步建立和完善，长江航运企业发展由过去政府下达指令性计划，逐步转变为企业在市场公平竞争中实现优胜劣汰，长江航运企业活力得到极大释放。

经过多年发展，长江航运企业数量、运力规模不断增长。2014 年，长江水系 14 省市拥有水路运输企业近 4500 家，其中从事长江省际运输的企业 3000 多家。具体包括：2778 家省际普通货物运输企业、8.75 万艘船舶、8991 万载重吨；208 家省际液货危险品运输企业、3669 艘船舶、332 万载重吨；98 家省际集装箱运输企业、401 艘船舶、8.28 万 TEU；16 家载货汽车滚装运输企业、72 艘船舶、4235 车位；3 家商品车滚装运输企业、29 艘船舶、1.95 万车位；22 家省际旅客运输企业、101 艘船舶、3.86 万客位。拥有运输船舶 127366 艘，净载重量 18046 万吨，其中内河货运船舶 1220667 艘，净载重量 10124 万吨；完成货运量 415630 万吨，其中内河货运量 273606 万吨。长江干线各省市货运船舶运力及运量完成情况见表 6-15。

长江干线 8 省 1 市货运船舶运力及运量完成情况 表 6-15

地　区	船舶运力				货运量	
	船舶数	其中：内河	净载重吨	其中：内河	总量	其中：内河货运量
云南	182	182	113379	113379	560	560
四川	4919	4919	1146567	1146567	8361	8361
重庆	2489	2487	5575131	5551724	14117	14047
河南	4793	4793	6653203	6653203	9351	9351
湖北	3710	3487	7632937	5776910	29794	21153
湖南	4806	4770	3355694	3089591	25687	25462
江西	3484	3439	2354112	2153242	9153	8655
安徽	28831	28433	36801946	35201022	108587	104903
江苏	44636	43278	40845683	28472633	75328	51603
总计	97850	95788	104478652	88158271	280938	244095

6.3.2　航运企业运力集中度

以长江干线云南、四川、重庆、河南、湖北、湖南、江西、安徽、江苏等 8 省 1 市的内河船舶运力和内河货运量作为长江航运企业市场的总量数据。2014 年，长江干线 8 省 1 市内河船舶总运力 8815.83 万载重吨，排名前 10 位的航运企业总运力占比为 9.08%，其 HHI 值为 13，市场运力极其分散，见表 6-16。

长江航运企业运力集中度　　表 6-16

序号	企业名称	运力比重(%)	HHI 值
1	中国长江航运(集团)总公司	2.99	13
2	南京双顺运输有限责任公司	1.00	
3	扬州润航船务有限公司	0.85	
4	扬州国盛船务有限公司	0.72	
5	淮滨县恒发船务有限公司	0.72	
6	南京东湖航运有限公司	0.58	
7	江苏中伟运输有限公司	0.58	
8	扬州江海洋航运有限公司	0.56	
9	泰州市长鑫运输有限公司	0.55	
10	江苏华航物流有限公司	0.53	
合计		9.08	

长江航运企业分类型运力市场集中度情况如下。

1）干散货

2014 年长江干线省际干散货总运力达到 8423.95 万载重吨，排名前 10 位的航运企业运力占比为 9.65%，HHI 值为 10，市场运力极其分散，见表 6-17。

长江干线干散货运力集中度　　表 6-17

序号	企业名称	运力比重(%)	HHI 值
1	中国长江航运(集团)总公司	2.53	10
2	南京双顺运输有限责任公司	1.05	
3	扬州润航船务有限公司	0.89	
4	扬州国盛船务有限公司	0.75	
5	淮滨县恒发船务有限公司	0.75	
6	南京东湖航运有限公司	0.61	
7	江苏中伟运输有限公司	0.60	
8	扬州江海洋航运有限公司	0.59	
9	江苏华航物流有限公司	0.56	
10	泰州市长鑫运输有限公司	0.56	
合计		9.65	

2)液体散货

2014 年长江干线省际液货危险品船 332 万载重吨，排名前 10 位航运企业运力占比 51.75%，其中长航集团占 11.59%，液货危险品市场运力 HHI 值为 341，市场运力极其分散，见表 6-18。

长江干线液货危险品运力集中度　　表 6-18

序号	企业名称	运力比重(%)	HHI 值
1	中国长江航运(集团)总公司	11.59	341
2	重庆泽胜船务(集团)	7.16	
3	湖南金和石油实业有限公司	7.10	
4	泰州市华通船务公司	5.74	
5	重庆新金航船务股份有限公司	4.94	
6	泰州市振陵公司	3.96	
7	重庆三益物流股份有限公司	3.10	
8	九江振兴轮船有限公司	2.84	
9	兴化市航运有限公司	2.77	
10	湖北汉通石油运输贸易有限公司	2.56	
合计		51.75	

3)集装箱

2014 年长江干线省际集装箱运力为 678981 载重吨，排名前 10 位航运企业运力占比为 95.03%，其中长航集团占 19%，集装箱运力的 HHI 值为 1475，市场高度集中，龙头企业占有率较高，其他企业比较分散，见表 6-19。

长江干线集装箱运力集中度　　表 6-19

序号	企业名称	运力比重(%)	HHI 值
1	民生轮船股份有限公司	22.91	1475
2	中国长江航运(集团)总公司	19.00	
3	重庆轮船(集团)有限公司	15.74	
4	重庆长江轮船公司	15.58	
5	安徽省怀远县永裕航运有限责任公司	6.96	
6	江西远洋集装箱运输有限公司	4.77	
7	湖南省远洋集装箱运输有限公司	3.69	
8	南昌市全顺航运有限公司	2.48	
9	蚌埠市货轮航运有限责任公司	1.91	
10	安徽凯通航运有限公司	1.99	
合计		95.03	

4)滚装车辆

长江干线仅有 3 家商品车滚装运输企业，以载货汽车滚装运输为主，因此此处不再详细计算其集中度。2014 年，长江载货汽车滚装运输总运力为 4235 车位，排名前 10 位的航运企业总运力占比为 76.69%，其 HHI 值为 651，运力市场比较分散偏相对均衡，见表 6-20。

长江载货汽车滚装运力集中度 表 6-20

序号	企业名称	运力比重(%)	HHI 值
1	宜昌江顺滚装船运输	11.26	651
2	长舟滚装船运输有限公司	11.22	
3	宜昌三通航运有限公司	9.89	
4	重轮(集团)罗诺分公司	9.35	
5	万州区串通滚装运输公司	7.84	
6	重庆市河牛滚装船公司	6.85	
7	重庆鸿发船务有限公司	5.62	
8	宜昌新联盟航运有限公司	5.62	
9	宜昌民康船务有限责任公司	4.84	
10	重庆市云阳县永盛实业有限公司	4.20	
合计		76.69	

6.3.3 航运企业运量集中度

选取的 8 省 1 市 2014 年完成内河货运量 274341.1 万吨，市场份额排名前 10 位的航运企业总运量占比为 9.73%，运输市场运量 HHI 为 17，无明显集中现象。长江干线省际航运企业运量排名前 10 的企业及其市场集中度见表 6-21。

长江干线航运企业运量集中度 表 6-21

序号	企业名称	运量比重(%)	HHI 值
1	中国长江航运(集团)总公司	3.54	17
2	马鞍山市华远海运有限责任公司	1.35	
3	华中航运集团有限公司	0.84	
4	江苏中伟运输有限公司	0.66	
5	南京双顺运输有限责任公司	0.66	
6	扬州润航船务有限公司	0.66	
7	安徽省怀远县荆山航运有限责任公司	0.56	
8	安徽省阜南县强胜航运有限公司	0.51	
9	寿县正阳关宇航货物运输有限公司	0.48	
10	南京东湖航运有限公司	0.48	
合计		9.73	

长江航运企业分货类市场集中度情况如下。

1)干散货

2014 年，长江干线 8 省 1 市干散货运输市场总货运量为 244094.28 万吨，占内河货运总量的近90%，市场份额排名前10位的航运企业运量占比为8.54%，干散货运输市场运量的HHI为13，市场极其分散，见表6-22。

长江干散货运量集中度　　表6-22

序号	企业名称	运量比重(%)	HHI值
1	中国长江航运(集团)总公司	3.13	13
2	华中航运集团有限公司	0.95	
3	江苏中伟运输有限公司	0.74	
4	南京双顺运输有限责任公司	0.74	
5	扬州润航船务有限公司	0.74	
6	南京东湖航运有限公司	0.54	
7	扬州国盛船务有限公司	0.49	
8	武汉江裕海运发展有限公司	0.43	
9	扬州江海洋航运有限公司	0.42	
10	泰州市长鑫运输有限公司	0.37	
合计		8.54	

2)液体散货

2014年长江干线液体散货运输市场完成总运量23578万吨，市场份额排名前10位的航运企业总运量占比为11.07%，其HHI为16，市场极其分散，见表6-23。

长江液体散货危险品运量集中度　　表6-23

序号	企业名称	运量比重(%)	HHI值
1	泰州市华通船务公司	2.75	16
2	兴化市航运有限公司	1.65	
3	蚌埠市江淮航运有限责任公司	1.29	
4	安徽宁申船务(集团)有限公司	1.11	
5	重庆泽胜船务(集团)	1.10	
6	泰州市俞垛运输有限公司	0.74	
7	湖南金和石油实业有限公司	0.67	
8	九江振兴轮船有限公司	0.67	
9	扬州龙川运输有限公司	0.59	
10	湖北汉通石油运输贸易有限公司	0.50	
合计		11.07	

3)集装箱

2014年，长江干线内河航运企业完成集装箱运量完成759.50万TEU，排名前10位的航运企业运量占比为48.12%，其中长航集团运量份额占到整个市场的30.78%，集装箱运输市场运量HHI为994，市场集中度适中，见表6-24。

长江集装箱运输运量集中度　　表 6-24

序号	企业名称	运量比重(%)	HHI 值
1	中国长江航运(集团)总公司	30.78	994
2	安徽凯通航运有限公司	4.20	
3	扬州市润发长虹集装箱水运有限公司	3.34	
4	蚌埠市货轮航运有限责任公司	2.70	
5	南京新海集船务有限公司	2.13	
6	江西远洋集装箱运输有限公司	1.54	
7	淮安扬港集装箱物流有限公司	1.14	
8	湖南省远洋集装箱运输有限公司	0.98	
9	泰州市长鑫运输有限公司	0.67	
10	南昌市全顺航运有限公司	0.63	
合计		48.12	

4)滚装车辆

2014 年长江载货汽车滚装运输总运量为 334311 辆,市场份额排名前 10 位的航运企业总运量占比为 62.18%,载货汽车滚装运输市场运量 HHI 为 469,极其分散向比较分散逼近,市场较为均衡,见表 6-25。

长江载货汽车滚装运输运量集中度　　表 6-25

序号	企业名称	运量比重(%)	HHI 值
1	万州区串通滚装运输公司	10.02	469
2	重轮(集团)罗诺公司	9.54	
3	宜昌三通航运有限公司	9.19	
4	长舟滚装船运输有限公司	8.52	
5	宜昌江顺滚装船运输有限责任公司	6.77	
6	重庆市河牛滚装船公司	6.30	
7	重庆鸿发船务有限公司	3.37	
8	宜昌新联盟航运有限公司	3.14	
9	重庆市云阳县永盛实业有限公司	2.81	
10	荆州市鸿兴船务有限责任公司	2.53	
合计		62.18	

6.3.4　长江航运企业市场集中度综合评价

长江 8 省 1 市航运企业分货种和分区域的市场集中度测算情况见表 6-26。

长江航运企业分货种和分区域的市场集中度

表 6-26

货　种	运　力				运　量			
	合计	上游	中游	下游	合计	上游	中游	下游
总量	13	108	4	41	17	2	10	61
干散货	10	126	4	48	13	2	4	5
件杂货								
液体散货	341	2526	581	440	16	1191	298	37
集装箱	1475	766	1722	1745	994	1549	404	56
滚装车辆	651	400	1389		469	469	579	

与长江港口企业市场类似，长江航运企业市场集中度水平低，市场主体分散。但与港口的属地性不同，航运企业运力的流动性，决定了其市场竞争要比港口企业更激烈。其主要发展特点如下：

第一，普货市场集中度极为分散，盈利能力差。近年来受煤炭需求乏力，钢铁行业整体弱势延续，矿建材料市场需求减弱和运输成本降低等的影响，长江干散货运输需求持续疲软低迷，运价基本处于低位运行态势，运输企业经营总体上也处于微利的状况，干散货航运企业普遍缺乏市场主导权和话语权。

第二，专业化运输市场集中度相对较好，盈利能力略好。由于专业性和运力调控等原因，液货危险品、集装箱和滚装等专业化运输的发展较为良好。其中，液货危险品运输运力相对集中，运量均衡，但运价水平不高，而且企业在安全管理方面的投入上升，盈利能力普遍下降。集装箱运输运力集中度处于合理区间，盈利面较好，2014 年长江干线集装箱运输有约 80% 的企业实现盈利，市场处于比较稳定的状态。滚装运输通过控制运力投放、统一运输价格、按轮次发船等管理措施，市场得到逐步规范，从样本分析来看，滚装运输相对于其他运输板块盈利能力较好。2014 有 80% 的企业实现盈利，且 70% 的盈利企业实现了利润增长。

第三，长江航运龙头企业各自为政、单打独斗现象普遍存在，对市场的主导作用不强。航运企业间没有形成合理的价格协商机制，即使在一些集中度相对较高的货种市场，如液货危险品等，也存在市场集中度较高但企业效益不佳的局面。

总体上，长江航运市场主体结构性矛盾突出，多数航运企业经营规模小，法人治理结构不完善，经营粗放，管理水平低，经济效益差，发展后劲不足。而且受市场供求关系失衡、市场经营主体参差不齐、市场监管力量薄弱等因素影响，长江航运市场秩序有待进一步规范。

第7章

长江与"世界一流"内河航运对标分析

7.1 "世界一流"内河航运指标体系的构建

7.1.1 航运发达河流的选择

1)"世界一流"内河航运的基本内涵

何为"世界一流"内河航运，目前尚无一个明确的定义和公认的标准。从字面意思上理解，"一流"就是领先，在国内范围进行比较，凡处于领先地位的便是国内一流；在国际范围进行比较，凡处于领先地位的便是世界一流。"世界一流"内河航运这个概念具有明显的动态性、比较性、类体性和综合性。

一是动态性。"一流"与"非一流"，它们的位置并非固定不变，在一定条件下会转化，会互换。而且，"一流"的标准也并非固定不变，它只是一定时间内、一定范围内的标准。随着经济社会的发展，"世界一流"内河航运会有不同的时代特征和内涵。

二是比较性。"一流"是一个比较的概念，它所强调的是事物性能、水平、地位等的领先优势。因此，"世界一流"内河航运是在世界范围内的比较，而且是在一定评价指标体系下互相比较的结果。

三是类体性。"世界一流"内河航运不是一个单体概念，而是一个类体性概念，不同的河流，虽然其内河航运发展各不相同，但都有成为"世界一流"内河航运的可能性。

四是综合性。"世界一流"内河航运是对具体河流航运的综合评价，不仅仅侧重于某个方面，局部一流不等于整体一流。根据系统工程的原理，一条河流作为一个系统，可能由于各子系统的和谐运转而使整个系统处于最佳状态，发挥最大功能；也可能由于各子系统的相互矛盾使整个系统处于不良状态。

综合分析，我们认为"世界一流"内河航运的基本内涵是：世界内河航运在一段时期内，先进内河航运的发展方向，是基础条件、服务能力、发展速度和质量效益的有机统一，具体应包括以下几方面基本内涵，即具备一流的基础条件、提供一流的物流服务、创造一流的生产效益，行业发展动力强劲，与社会经济发展相协调相促进，符合可持续发展要求。其中：一流的基础条件是“世界一流”内河航运的基本前提，一流的物流服务是“世界一流”内河航运的核心内容，一流的生产效益是“世界一流”内河航运的重要标志，行业发展动力强劲，与经济社会发展相协调相促进，符合可持续发展要求是“世界一流”内河航运的内在要求。

2)“世界一流”内河航运的主要特征

根据“世界一流”内河航运的内涵，结合当前世界内河航运发展发展态势，归纳分析“世界一流”内河航运具有以下主要特征：

一是自然条件良好。河流的自然条件很大程度上决定了内河航运的发展规模和水平，当今世界内河航运发达的河流，基本为干流或一级支流，其河流长度、流域面积、径流量等水文特征均世界闻名，而且河流具有较长的通航期。

二是运输能力强大。当今世界发达的内河航运，其基础设施规模都比较庞大，航道、港口及运力等三大基本要素达到一定规模，具备强大的运输能力。具体表现为航道里程较长、通达性较好，港口生产性泊位较多、吞吐能力较大，船舶运力规模大。

三是运输优质高效。根据内河航道、主要船舶及运输货物的特点，当今世界发达的内河航运基本形成了适合本区域发展特点，合理高效的运输组织方式，水运服务体系健全，商贸、金融、物流等综合服务功能完备，水路运输生产量(货运量、港口吞吐量)居世界前列。

四是运输市场规范。当今世界发达的内河航运普遍拥有一批资质规范、管理水平较高，具有良好信用的航运企业，水运市场监管手段比较完善，竞争规范有序。

五是生产效益显著。当今世界发达的内河航运普遍具有显著的生产效益，具体表现为行业人均创造财富能力强，航运企业经营效益好，对国民经济贡献突出等。

六是发展环境良好。当今世界发达的内河航运得到政府的高度重视，行业发展的法律法规完善，国家政策支持力度较大，内河航运建设发展具有稳定的资金来源，内河水运在综合运输乃至国民经济发展中发挥出重要作用。

七是内在驱动有力。当今世界发达的内河航运自身普遍具有较强的内在驱动力，具体表现为行业科技进步，信息化水平高、从业人员素质普遍较好。

八是注重系统协调。当今世界内河航运发达的国家尤为注重系统整体运作，将内河航运作为一个大系统，追求内外协调，即内部各基本要素得到协调发展，运作高效；外部与综合运输其他运输方式有机衔接，多式联运占有相当比重，与沿江（河）社会经济发展相协调、相促进。

九是保持安全发展。“世界一流”内河航运在运输生产过程中，对人民生命财产所造成的损失必须控制在可接受的范围内。这也是当今世界发达的内河航运一直追求的目标。

十是追求绿色低碳。当今世界发达的内河航运不仅追求发展的规模和速度，更重要的是追求运输服务水平和质量，将内河航运置于资源、环境及行业技术等方面的良性发展之中，努力实现绿色低碳发展。

3)河流选择

综观全球地理区块,大江大河众多,其中以河流流量、长度及流域面积而著名,并且受到较多关注的除长江之外,主要有北美的密西西比河,欧洲的伏尔加河、莱茵河,非洲尼罗河及南美洲亚马孙河等。按照“世界一流”内河航运的内涵与特征,根据以上河流航运发展情况,本文选择密西西比河、莱茵河作为对标对象。

7.1.2 指标体系的建立原则

评价指标体系是反映一个复杂系统中多个指标构成的相互联系、相互依存的统计指标群,在建立指标体系时,需充分考虑到“世界一流”内河航运的示范性、导向性效应及指标的实践性和可操作性,主要遵循以下几项原则:

一是系统性原则。内河航运是由多要素构成的综合体,因此在指标体系构建时,应综合考虑各相关系统要素,分析“世界一流”内河航运的主要特征及满足这些特征的条件,并以衡量这些特征和条件的有关因素作为评价的标准,尽可能覆盖内河航运发展的各个方面。

二是客观性原则。指标体系应能客观反映内河航运的运行动态,所选取的指标要求概念科学、含义明确、范围界定清晰,要容易被业内人士所接收,指标对应的基础数据来源要真实可靠。

三是综合性原则。“世界一流”的内河航运不可避免存在关于制度、环境及政策等方面定性指标,这些指标虽不可量化但也不可忽视,因此在设计指标体系时,既要考虑绝对指标,也要考虑相对指标;既要考虑硬件指标,也要考虑软件指标;既要考虑静态指标,也要考虑动态指标。

四是独立性原则。衡量内河航运发展水平的指标较多,这些指标间彼此可能存在着非常密切的关系,在构建指标体系时要注意指标间的相关性问题,所选择的指标应该尽可能独立,指标的关联性应该尽可能小,避免信息重复。

五是可操作性原则。评价指标体系要求层次清晰、指标精炼、方法简洁,能以较少的指标反映“世界一流”内河航运的基本情况,为此,选取的指标要具有可操作性,指标量化所需资料和数据要易于获取,且能够利用现有方法和模型求解。

7.1.3 指标体系的总体框架

根据上述分析,“世界一流”内河航运的特征包括十个方面,每个特征又由多个评价指标来描述,主要采用定性与定量相结合方法进行指标体系构建,即利用定性分析的方法初步构建评价指标体系,又利用专家调查法将专家经验和常识转化为各个指标重要度对比,在此基础上选择适量的指标构建指标体系。

1)指标体系初选

根据“世界一流”内河航运的内涵和特征构建指标体系框架。总体框架分为四个层次,第一层次是目标层，即“世界一流”的内河航运；第二层次是内涵层，包括一流的基础条件、一流的物流服务、一流的生产效益，行业发展动力强劲，与经济社会发展相协调，符合可持续发展要求等；第三层为特征层，包括自然条件良好、运输能力强大、运输优质高效、水运市场规范、综合效益显著、发展环境良好、内在驱动有力、注重系统协调、保持安全发展、追求绿色低碳等10个主要特征；第四层为指标层，初定40个，具体如下：

——“自然条件良好”的参考指标包括河流长度、河流干流年均流量、河流干流年均流量及河流通航期等。

——“运输能力强大”的参考指标包括内河通航里程、干流通航里程中千吨级航道比重、港口吞吐能力、万吨级码头泊位个数及运输船舶总吨位等。

——“运输优质高效”的参考指标包括货运量、港口吞吐量、第三代港口所占比重、港口每延米岸线货物吞吐量、船舶每千吨货平均在港停时及船舶平均吨位等。

——“水运市场规范”的参考指标主要是航运企业信用度及行业服务满意度等。

——“综合效益显著”的参考指标包括航道货流密度、每亿元投入的货运周转量、内河航运对国民经济的贡献率、航运企业总资产贡献率及人员劳动生产率等。

——“发展环境良好”的参考指标主要是法律法规综合指数及内河建设投资占GDP比重等。

——“内在驱动有力”的参考指标包括行业信息化发展指数、企业电子商务率及船员综合素质水平等。

——“注重系统协调”的参考指标包括水路运输弹性系数、内河货运量占社会货运量比重、社会运输成本与GDP比率、水系千吨级航道比重、专业化码头泊位比重及船舶标准化率等。

——“保持安全发展”的参考指标包括水上交通事故数、百万吨货运量死亡率及人命救助成功率等。

——“追求绿色低碳”的参考指标包括内河航运能耗总量、CO_2排放量占区域综合运输排放量比重、港口万吨吞吐量能耗及船舶平均每千吨公里能耗量等。

“世界一流”内河航运初选指标体系见表7-1。

“世界一流”内河航运初选指标体系 表7-1

目标层	内　涵　层	特征层	指　标　层
世界一流内河航运	一流的基础条件	自然条件良好	河流长度
			河流干流年均流量
			河流流域面积
			河流通航期
		运输能力强大	内河通航里程
			干流通航里程中千吨级航道比重
			港口吞吐能力
			万吨级码头泊位个数
			运输船舶总吨位

续上表

目标层	内　涵　层	特征层	指　标　层
世界一流内河航运	一流的物流服务	运输优质高效	货运量
			港口吞吐量
			第三代港口所占比重
			港口每延米岸线货物吞吐量
			船舶每千吨货平均在港停时
			船舶平均吨位
		水运市场规范	航运企业信用度
			行业服务满意度
	一流的生产效益	综合效益显著	航道货流密度
			每亿元投入的货运周转量
			内河航运对 GDP 的直接贡献率
			航运企业总资产贡献率
			船员人均完成货运量
	行业发展动力强劲	发展环境良好	法律法规综合指数
			内河建设投资占 GDP 比重
		内在驱动有力	信息化发展指数
			企业电子商务率
			船员综合素质
	与社会经济发展相协调	注重系统协调	水路运输弹性系数
			内河货运量占社会货运量比重
			社会运输总费用与 GDP 比率
			水系千吨级航道比重
			专业化码头泊位比重
			船舶标准化率
	符合可持续发展要求	保持安全发展	水上交通事故数
			百万吨货运量死亡率
			人命救助成功率
		追求绿色低碳	内河航运能耗总量
			CO_2 排放量占区域综合运输排放量比重
			港口万吨吞吐量能耗
			船舶平均每千吨公里能耗量

2)指标筛选及确定

基于“世界一流”的内涵和特征，上述为初步构建的一个理想化指标体系，但如果对每个指标都具体量化并汇总到系统中进行综合测算，将是一项十分烦琐的工作，而且很多基础数据尚处缺位状态，难以进行量化。因此，有必要根据指标体系构建的系统性、客观性、综合性、独立性、可操作性等基本原则，通过相关方法选出显著重要的指标进行评价。

基于 ABC 分类法（巴雷托分析法）对评价指标进行筛选，并结合基础数据完备情况对指标进行适当调整。ABC 分类法主要是通过问卷调查方式，邀请业内专家、学者及工作人员对指标的重要程度进行排序；对每个选项重要程度排序设置相应的分数，并统计每个选项的总分数；最后根据指标的最终得分，分为 A、B、C 三类区域，其分数区域项按指标总数的 10%、20%、70% 划分，评价分数相对较高的指标项归为 A 类、分数值一般的指标项归为 B 类、分数值相对较低的指标项归为 C 类。根据上述思路，将指标的重要程度赋予分值进行量化，具体的分数赋值见表 7-2。

指标项重要程度赋值 表 7-2

重要程度	A	B	C	D	E	F	G	H	I	J
分值	8	7.5	7	6.5	6	5.5	5	4.5	4	3.5

注：A-J 重要程度依次逐步下降。

根据 ABC 分类法，我们将得分较高的占总数的 10% 划分为 A 类，得分次高的占总数 20%、其他得分一般和较低的总数 70% 部分全部归为 C 类，通过问卷调查和后期处理进行统计，得出统计数据见表 7-3。

指标项重要程度分值得分 表 7-3

序号	特 征 层	指 标 层	分值	分类
1	自然条件良好	河流长度	52.5	C
2		河流干流年均流量	40	C
3		河流流域面积	45.5	C
4		河流通航期	50	C
5	运输能力强大	内河通航里程	58	C
6		干流通航里程中千吨级航道比重	69	B
7		港口吞吐能力	51.5	C
8		万吨级码头泊位个数	53.5	C
9		运输船舶总吨位	56	C
10	运输优质高效	货运量	73	A
11		港口吞吐量	52	C
12		第三代港口所占比重	48	C
13		港口每延米岸线货物吞吐量	59.5	B
14		船舶每千吨货平均在港停时	57	C
15		船舶平均吨位	52	C
16	水运市场规范	航运企业信用度	62	B
17		行业服务满意度	45	C
18	综合效益显著	航道货流密度	75	A
19		每亿元投入的货运周转量	44.5	C
20		内河航运对 GDP 的直接贡献率	43	C
21		航运企业总资产贡献率	40	C
22		船员人均完成货运量	60	B

续上表

序号	特 征 层	指 标 层	分值	分类
23	发展环境良好	法律法规综合指数	67	B
24		内河建设投资占 GDP 比重	41	C
25	内在驱动有力	信息化发展指数	67.5	B
26		企业电子商务率	48	C
27		船员综合素质	57.5	C
28	注重系统协调	水路运输弹性系数	44	C
29		内河货运量占社会货运量比重	46	C
30		社会运输总费用与 GDP 比率	56	C
31		水系千吨级航道比重	66	B
32		专业化码头泊位比重	50.5	C
33		船舶标准化率	73.5	A
34	保持安全发展	水上交通事故数	40.5	C
35		百万吨货运量死亡率	70	A
36		人命救助成功率	39.5	C
37	追求绿色低碳	内河航运能耗总量	55.5	C
38		CO_2 排放量占区域综合运输排放量比重	63.5	B
39		港口万吨吞吐量能耗	45.5	C
40		船舶平均每千吨公里能耗量	47.5	C

基于上述评分，将 A 类指标及 B 类中排名前 50% 的全部选入评价指标，按照全面覆盖、精简高效及可操作性的原则在 B 类中排名后 50% 及 C 类中选取部分评价指标，共计 16 个指标，具体如下：

“自然条件良好”特征的评价指标为河流长度，主要反映河流的运输条件和辐射范围。

“运输能力强大”特征的评价指标为干流千吨级航道里程比重，一定程度反映河航道通航能力。

“运输优质高效”特征的评价指标包括货运量、航道货流密度和港口每百米岸线货物吞吐量，其中货运量主要反映内河运输生产总体规模；航道货流密度主要反映每公里航道服务能力，港口每百米岸线货物吞吐量则主要反映港口生产服务水平。

“水运市场规范”特征的评价指标为航运企业信用度，主要反映内河航运市场经营环境。

“综合效益显著”特征的评价指标为内河航运直接 GDP 贡献率和船员人均完成货运量，其中内河航运直接 GDP 贡献率，反映内河航运对国民经济发展的直接贡献水平；船员人均完成货运量则反映从业人员劳动生产率。

“发展环境良好”特征的评价指标为法律法规综合指数，主要反映行业法律法规完善程度。

“内在驱动有力”特征的评价指标为信息化发展指数和船员综合素质，其中信息化发展指数主要反映行业信息化水平；船员综合素质则主要反映行业从业人员基本素质。

“注重系统协调”特征的评价指标为社会运输总费用与 GDP 比率、水系千吨级航道比重和船舶标准化率，其中社会运输总费用与 GDP 比率为外部协调性指标，反映水运与其他运输方式的协调情况；水系千吨级航道比重和船舶标准化率为内部协调性指标，水系千吨级航道比重主要反映干支航道通达性情况，船舶标准化率主要反映船舶结构协调性情况。

“保持安全发展”特征的评价指标为百万吨货运量死亡率，主要反映内河水运安全发展水平。

“追求绿色低碳”特征的评价指标为 CO_2 排放量占综合运输排放量比重，主要反映内河水运绿色发展情况。

“世界一流”内河航运评价指标体系见表 7-4。

“世界一流”内河航运指标体系 表 7-4

目标层	内涵层	特征层	指标层	备注
“世界一流”内河航运	一流的基础条件	自然条件良好	河流长度	反映河流的运输条件和辐射范围
		运输能力强大	干流千吨级航道里程比重	反映内河航道通航能力
	一流的物流服务	运输优质高效	货运量	反映内河运输生产总体规模
			航道货流密度	反映每公里航道服务能力
			港口每百米岸线货物吞吐量	反映港口生产服务水平
		水运市场规范	航运企业信用度	反映市场经营环境
	一流的生产效益	综合效益显著	内河航运直接 GDP 贡献率	反映内河航运对国民经济的直接贡献水平
			船员人均完成货运量	反映从业人员劳动生产率
	行业发展动力强劲	发展环境良好	法律法规综合指数	反映行业法律法规完善程度
		内在驱动有力	信息化发展指数	反映行业信息化水平
			船员综合素质	反映行业从业人员基本素质
	与社会经济发展相协调	注重系统协调	社会运输费用与 GDP 比率	反映水运与其他运输方式协调（外部协调）
			水系千吨级航道比重	反映干支航道通达性（内部协调）
			船舶标准化率	反映船舶结构的协调（内部协调）
	符合可持续发展要求	保持安全发展	百万吨货运量死亡率	反映内河水运安全发展水平
		追求绿色低碳	CO_2 排放量占区域综合运输排放量比重	反映内河水运绿色发展情况

7.2 评价指标特征值的确定

7.2.1 指标特征值的确定思路

依据密西西比河、莱茵河、长江等内河航运发达河流的指标完成情况，来探索“世界一流”内河航运各评价指标的特征值。由于样本容量较少，也无相关评价指标可参照，主要采用德尔菲法进行指标特征值的确定，这也是目前国内外在确定指标值过程中普遍采用的方法。

1）德尔菲法的主要步骤

一是组成专家小组。按照研究所需要的知识范围，确定专家，专家人数一般不超过 20 人。

二是专家判断打分。向所有专家提出所要判断打分的问题及有关评分标准，并附上有关这个问题的所有背景材料。各专家以匿名方式独自对问题做出判断和打分，相互之间不存在任何形式的交流。

三是意见汇总分析。将各位专家第一次判断和评分意见汇总，进行对比，再分发给各位专家，让专家比较自己同他人的不同意见，修改自己的意见和判断。

四是反复修改调整。逐轮收集意见并为专家反馈信息是德尔菲法的主要环节。收集意见和信息反馈一般要经过多个回合，直至专家的意见基本趋于一致。

五是描述最终结果。对专家的意见进行综合处理。

2）特征值的确定思路

上述关于“世界一流”内河航运的评价指标体系中，不仅有绝对指标也有相对指标，有单项指标也有综合指标，有正向指标也有逆向指标。采用德尔菲法，依据不同原则确定指标特征值：

（1）绝对指标和相对指标。对于绝对量指标，主要是根据当今内河航运发达河流的基本特征及其航运发达程度预定若干个特征值，然后采用德尔菲法由专家进行选择，逐步统一确定。对于相对量指标，则直接采用德尔菲法，由专家结合内河航运发展实际情况进行判断，逐步统一确定。

（2）单向指标和综合指标。对于单项指标，根据原则（1）进行确定。对于综合指标，若是已有的通用指标且有数据来源的，则直接引用相关成果，若是尚未有数据来源的，则根据综合指标的内涵，分解出若干个等权的评分项，采用德尔菲法由专家对评分项进行评分后，计算指标最终得分，在此基础上，对指标特征值做出判断。

（3）正向指标和逆向指标。该类指标一般为相对指标，而且具有理想化的最优值。对于该类指标，主要根据内河航运发展的理想化情况或各河流航运实际运行最优值，采用德尔菲法由专家确定一定比例的下浮（对正向指标）或上浮（对逆向指标）区间作为“一流”的范围，以临界点作为其特征值。

根据上述原则，本次研究共选取10位在交通物流规划和内河港口相关领域工作的专家和学者，在专家讨论过程中进行咨询。由于涉及需征求专家意见的指标较多，因此，当某个指标的最终评分较为一致时（半数以上专家认可），即可确定最终结果。

7.2.2 指标特征值的确定

1）河流长度

一般而言，河流长度越长，其流域面积和腹地范围也更广，内河航运发展的基础条件越好，随着流域经济社会的发展，其航运的发展空间也越大。密西西比河全长6262公里，世界排名第四；莱茵河干流长度相对较小，仅1320公里，世界排名在110左右；长江干流长度6380公里，世界排名第三，与密西西比河相当，约为莱茵河干流的近5倍。这一定程度上反映了长江自然条件优厚，为内河航运发展提供了良好支撑，也是长江航运跻身“世界一流”内河航运的基础条件之一。河流长度属绝对、单项指标，结合目前世界河流长度情况，设定了1000公里（世界范围内约163条，下同）、1500公里（约89条）、2000公里（约62条）、2500公里（约40条）、3000公里（约26条）等五个特征值选项供专家选择，经过一轮德尔菲法确定了该特征值，见图7-1。

由图7-1可见，70%的专家认为河流长度达到2000公里即可称为“世界一流”。长江、密西西比河、莱茵河河流长度及其特征值表见表7-5。

河流长度特征值 表7-5

特征指标	长江	密西西比河	莱茵河	特征值
河流长度（公里）	6380	6262	1320	2000

2）干流通航里程中千吨级航道比重

内河通航里程是在一定时期内，能通航运输船舶及排筏的天然河流、湖泊水库、运河及通航渠道的长度，是反映内河航道规模、水平和发展情况的主要指标。密西西比河干流通航里程2940公里，莱茵河干流通航里程886公里，均为千吨级及以上航道。长江干流通航里程一般指长江干线，即从水富至长江口2838公里，目前除水富至宜宾30公里以外，均为千吨级及以上航道。干流千吨级航道里程比重属相对、单项、正向指标，最优值可以达到100%。经过一轮德尔菲法确定了一定的下浮区间作为“一流”的范围，见图7-2。

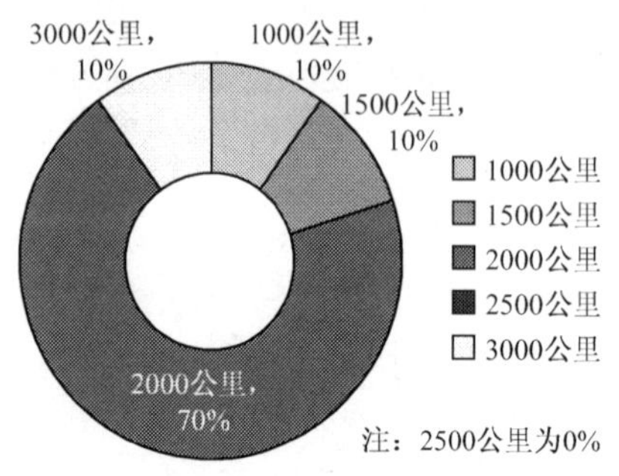

图7-1 河流长度特征值专家意见结果

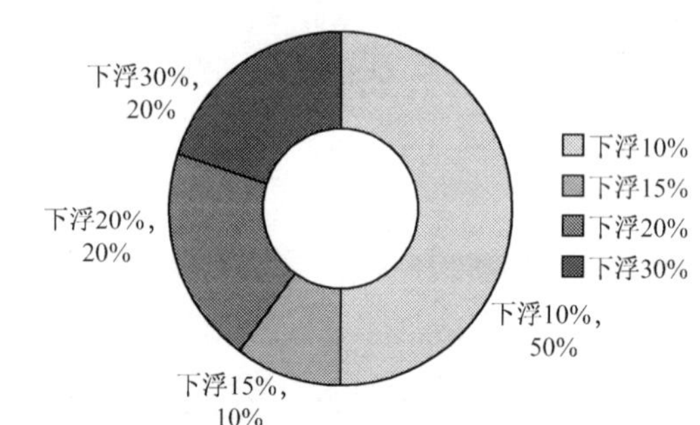

图7-2 干流通航里程中千吨级航道比重“一流”区间专家意见结果

由图7-2可见，50%的专家认为在干流千吨级航道比重最优值的基础上下浮10%，即达到最优值的90%时可称为“世界一流”。长江、密西西比河、莱茵河干流通航里程中千吨级航道比重及其特征值见表7-6。

干流通航里程中千吨级航道比重特征值　　表7-6

特征指标	长江	密西西比河	莱茵河	特征值
干流通航里程(公里)	2838	2940	886	—
干流通航里程中千吨级航道比重(%)	98.9	100	100	90

3)货运量

货运量是反映运输生产成果和运输规模的指标，体现着水运业为国民经济服务的数量。货运量的大小，也一定程度上反映了沿江经济社会发展态势。近年来密西西比河干流货运量稳定在4.0～4.5亿吨左右，2011年为4.5亿吨；莱茵河干流货运量大约在3.5亿吨左右，2012年为3.7亿吨，较2011年增长9%；与沿江社会经济发展态势相对应，长江干线货运量近年来呈快速增长态势，2012年达到18亿吨，较2011年增长8.4%，约为密西西比河的4倍，莱茵河的5倍。货运量属绝对、单项指标，结合目前世界有关河流货运量情况，设定了1亿吨、2亿吨、3亿吨、4亿吨、5亿吨等五个特征值选项供专家选择，经过两轮德尔菲法确定了该特征值，见图7-3。

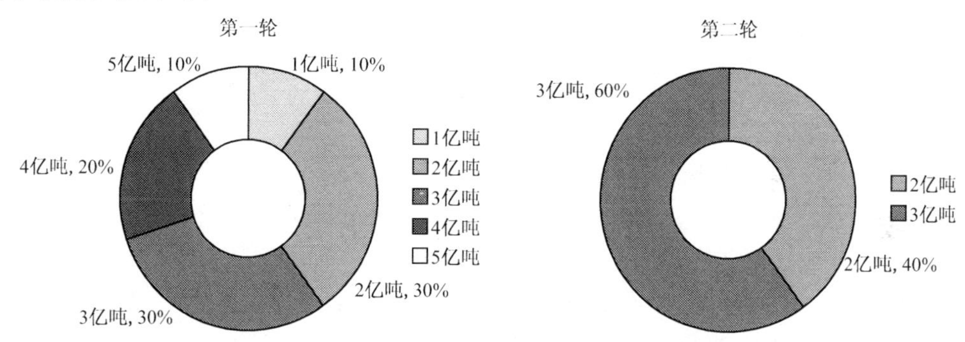

图7-3　货运量特征值专家意见结果

由图7-3可知，最终60%的专家认为货运量达到3亿吨即可称为“世界一流”。长江、密西西比河、莱茵河货运量及其特征值表见表7-7。

货运量特征值表　　表7-7

特征指标	长江	密西西比河	莱茵河	特征值
2011年货运量(亿吨)	16.6	4.5	3.4	3.0
2012年货运量(亿吨)	18.0	—	3.7	

4)航道货流密度

航道货流密度是指某一时段沿航道单位长度的货物流量，即为货运量与内河通航里程的比值。在确保船舶在航道上航行畅通的情况下，该指标越大表明每公里航道服务效率越高。根据上述数据，目前密西西比河货流密度为 15.3 万吨 / 公里；莱茵河为 41.2 万吨 / 公里；长江为 63.4 万吨 / 公里，约为莱茵河的 1.5 倍，密西西比河的 4 倍。航道货流密度属相对、单项、正向指标，目前的最优值达到 63.4 万吨 / 公里。经过两轮德尔菲法确定了一定的下浮区间作为“一流”的范围，见图 7-4。

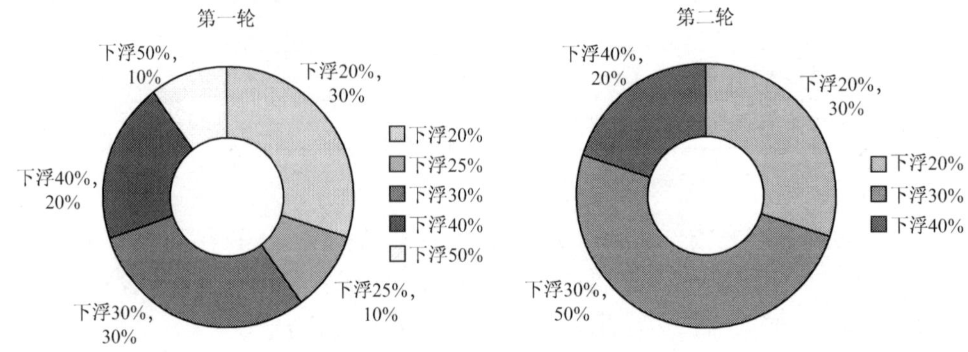

图 7-4 航道货流密度“一流”区间专家意见结果

由图 7-4 可知，50% 的专家认为在现有航道货流密度最优值的基础上下浮 30%，即达到最优值的 70% 时可称为“世界一流”。长江、密西西比河、莱茵河航道货流密度及其特征值见表 7-8。

航道货流密度特征值 表 7-8

特征指标	长江	密西西比河	莱茵河	特征值
货流密度(万吨 / 公里)	63.4	15.3	41.2	45.0

5）港口每延米岸线货物吞吐量

一般而言，在水域条件一定的情况下，港口设施设备和服务功能越完善，每延米岸线货物吞吐量越高，岸线利用效率也越高。因此，港口每延米岸线货物吞吐量是直观反映港口生产服务水平的重要指标。由于目前密西西比河、莱茵河、长江尚未有较为准确的岸线统计数据，因此选取具体港口的相关数据进行分析，主要选取密西西比河圣路易斯港、莱茵河杜伊斯堡港及长江的武汉新港，因为这三个港口在地理位置和功能定位上较为类似。圣路易斯是密西西比河乃至美国最大的内河航运中心，圣路易斯港在密西西比河上的码头岸线长约 28 公里，2011 年吞吐量在 3648.7 万吨左右，即港口每延米岸线货物吞吐量约为 1303 吨。莱茵河杜伊斯堡港则是欧洲最大的内河港口，港口岸线长 37.5 公里，2011 年港口吞吐量为 5100 万吨，即港口每延米岸线货物吞吐量约为 1360 吨。武汉是长江中游航运中心，作为其重要组成部分的武汉新港拥有港口岸线约 131 公里，2012 年港口吞吐量 1.25 亿吨，即港口每延米岸线货物吞吐量约为 954 吨，与上述两个港口存在一定差距，这主要是圣路易斯港、杜伊斯堡港经过多年的发展，岸线得以充分开发和利用，而武汉新港正处于开发建设阶段，岸线利用效能相对较低。

港口每延米岸线货物吞吐量属相对、单项、正向指标，目前的最优值达到 1360 吨。经过一轮德尔菲法确定了一定的下浮区间作为“一流”的范围，见图 7-5。

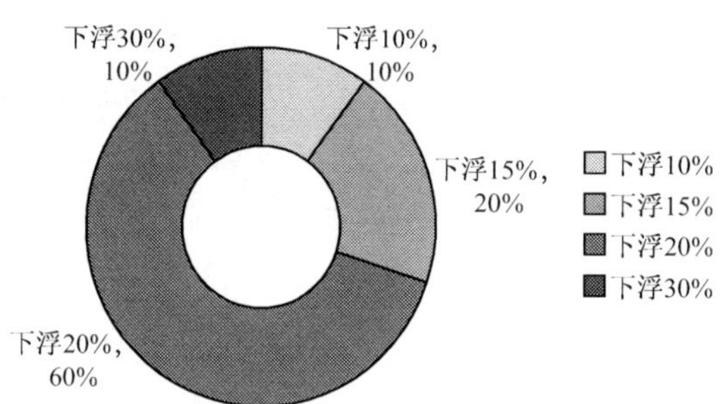

图7-5 港口每延米岸线货物吞吐量“一流”区间专家意见结果

由图7-5可知，60%的专家认为在现有港口每延米岸线货物吞吐量最优值的基础上下浮20%，即达到最优值的80%时可称为“世界一流”。长江、密西西比河、莱茵河相关港口每延米岸线货物吞吐量及其特征值见表7-9。

港口每延米岸线货物吞吐量特征值 表7-9

特征指标	长江武汉新港	密西西比河圣路易斯港	莱茵河杜伊斯堡港	特征值
港口岸线（公里）	131	28	37.5	—
吞吐量（万吨）	12500	3648.7	5100	—
每延米岸线货物吞吐量（吨）	954	1303	1360	1100

6）航运企业信用度

信用度，是指从社会信誉、经济状况、商品交易的履约情况等方面反映出某特定对象的遵约守信程度。目前关于密西西比河、莱茵河及长江等河流的航运企业信用度尚未发现有相关统计，因此，该项指标以定性分析为主。根据信用度的基本内涵及航运企业的特点，认为航运企业的信用度主要应从行业信用管理制度及企业经营信用两方面进行评价，行业信用管理制度主要评价是否具有信用管理制度，制度的完备情况如何；企业经营信用，主要评价目前企业资质取得和维持情况是否良好，企业是否按照有关规定配备人员和设备确保船舶适航、运输服务质量满足客户需求情况、是否遵循市场公平竞争规则等。

密西西比河和莱茵河已经具备了较为完善的诚信体系，莱茵河航运企业虽然集中程度较低，但是大多数小企业都挂靠在大航运公司名下进行管理，而且欧洲各国具有十分严格的立法约束，保障诚信经营。相比之下，目前长江航运企业总体规模较小，经营方式粗放，管理水平较低，企业诚信自律比较薄弱，而且目前关于长江航运企业的信用管理体系不够健全。根据上述分析，由专家进行打分，并按照指标等权的原则进行加权计算，见表7-10。

航运企业信用度特征值 表7-10

项目		长江	密西西比	莱茵河
信用管理制度（1/2）	1. 是否有管理制度（1/2）	9.2	23.2	23.5
	2. 制度是否完善（1/2）	8.8	24.2	23.9
企业经营信用（1/2）	3. 资质取得和维持情况是否良好（1/3）	15.3	16.2	16.1
	4. 服务质量满足客户需求情况（1/3）	14.3	15.2	15.7
	5. 是否遵循市场公平竞争规则（1/3）	13.2	15.2	15.4
综合得分		60.8	94.0	94.6

注：上述指标括号内为权重，按总分为100分进行评价。

结果显示，目前长江航运企业的信用度在60%左右，而密西西比河、莱茵河航运企业信用度均达到90%以上。“世界一流”内河航运要求其航运企业普遍诚信，理想状态下应能达到100%。航运企业信用度属相对、综合、正向指标，理想的最优值为100%。经过一轮德尔菲法确定了一定的下浮区间作为“一流”的范围，见图7-6。

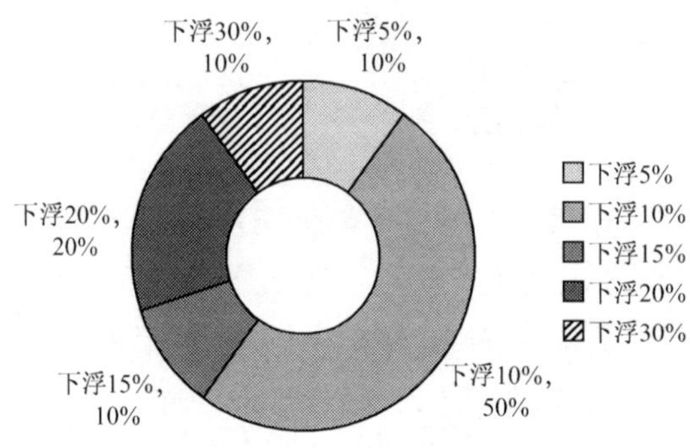

图7-6　航运企业信用度“一流”区间专家意见结果

由图7-6可知，50%的专家认为在航运企业信用度最优值的基础上下浮10%，即达到最优值的90%时可称为“世界一流”。长江、密西西比河、莱茵河航运企业信用度及其特征值见表7-11。

航运企业信用度特征值　　表7-11

特征指标	长江	密西西比河	莱茵河	理想状态	特征值
航运企业信用度(%)	60.8	94.0	94.6	100	90

7)内河航运对GDP的直接贡献率

内河航运对GDP的直接贡献率是指内河航运业创造的GDP增量占全国GDP的比重，不包括由于内河航运业发展所引起的对相关产业的间接拉动效应。该指标一定程度上反映内河航运业对国民经济发展的贡献水平。根据US Bureau of Economic Analysis（美国经济分析局）的统计数据，美国内河水运业2011年GDP为145.11亿元，占美国GDP（2011年为150757亿元）的0.10%。按照密西西比河运量占内河总运量的60%测算，密西西比河航运创造GDP约为87亿元，即对GDP的直接贡献率为0.06%。相关研究数据显示，目前长江航运年直接产生GDP达1200亿元，占我国GDP（2012年为516282亿元）比重为0.23%，为美国密西西比河的近4倍。分析其原因，一方面源于长江航运货运量较大的优势，另一方面得益于现阶段长江航运快速发展的建设投资拉动。

内河航运对GDP的直接贡献率属相对、单项、正向指标，现有最优值为0.23%。经过两轮德尔菲法确定了一定的下浮区间作为“一流”的范围，见图7-7。

由图7-7可知，60%的专家认为在现有最优值的基础上下浮20%，即达到最优值80%时可称为“世界一流”。长江、密西西比河、莱茵河内河航运对GDP直接贡献率及其特征值见表7-12。

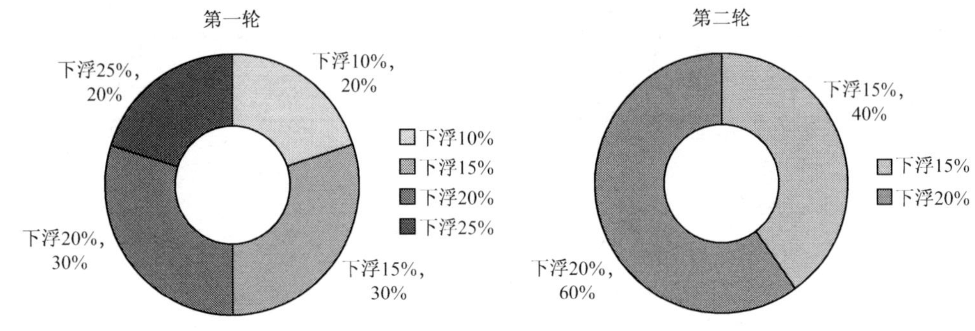

图7-7 内河航运对GDP的直接贡献率“一流”区间专家意见结果

内河航运对GDP的直接贡献率特征值 表7-12

特征指标	长江	密西西比河	莱茵河	特征值
水运直接GDP	1200亿元	87亿美元	—	—
全国GDP	516282亿元	150757亿美元	—	—
航运对GDP的直接贡献率(%)	0.23	0.06	—	0.18

注：莱茵河暂无相关统计数据。

8)吨船产量

吨船产量是指在一段时间内(通常指一年)，船舶每载重吨完成的货物周转量，即为货物周转量与船舶载重吨之比，是反映船舶生产效率的重要指标。受统计资料限制，仅选取德国及长江水系14省市相关数据分别作为莱茵河和长江航运的吨船产量水平。相关数据显示，近年来德国内河水运货运周转量在600亿吨左右，目前德国拥有船舶总吨位为2799965吨，通过计算，其吨船产量为21429吨公里。长江水系14省市2012年内河水运船舶净载重吨8391万吨吨，完成水运货物周转量64979975.7万吨公里，通过计算，其吨船产量为7744吨公里，仅为德国的1/3。吨船产量属相对、单项、正向指标，现有最优值为21429吨公里。经过两轮德尔菲法确定了一定的下浮区间作为“一流”的范围，见图7-8。

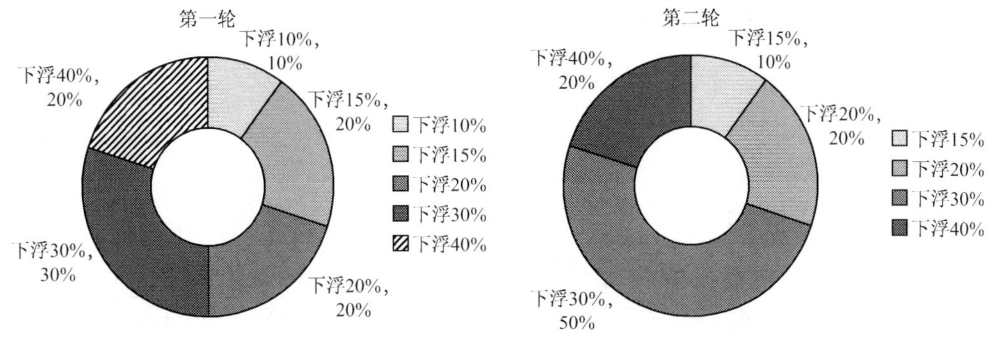

图7-8 吨船产量“一流”区间专家意见结果

由图7-8可见，50%的专家认为在现有吨船产量最优值的基础上下浮30%，即达到最优值的70%时可称为“世界一流”。长江、密西西比河、莱茵河吨船产量及其特征值见表7-13。

吨船产量特征值 表 7-13

特征指标	长江	密西西比河	莱茵河	特征值
吨船产量(吨公里)	7744	—	21429	15000

9)船员人均完成货运量

货运量总量主要反映行业规模,从业人员人均完成货运量则反映行业发展的效率和效益。由于目前各河流从业人员总数并不明确,而船员的数量相对比较准确,因此采用船员人均完成货运量指标来反映从业人员劳动生产率水平。2011 年美国内河船员 1.63 万人,按照密西西比河货运量与全美货运量的比例,则密西西比河船员约为 0.978 万人,船员人均完成货运量为 46012 吨。目前长江内河船员 11 万人,船员人均完成货运量 16363 吨,仅为密西西比河的 1/3。船员人均完成货运量属相对、单项、正向指标,现有最优值为 46012。经过一轮德尔菲法确定了一定的下浮区间作为"一流"的范围,见图 7-9。

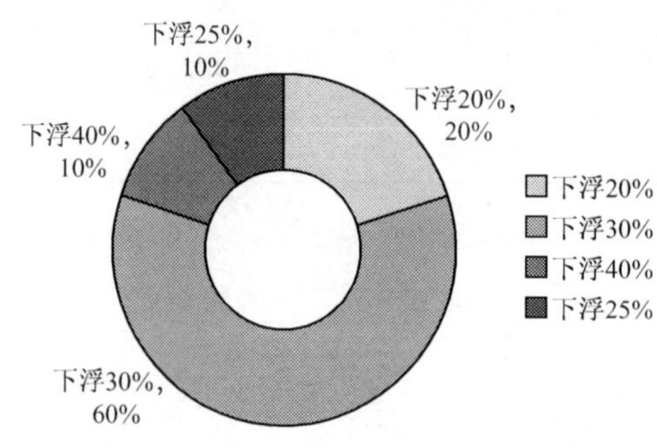

图 7-9 船员人均完成货运量"一流"区间专家意见结果

由图 7-9 可见,60% 的专家认为在现有船员人均完成货运量最优值的基础上下浮 30%,即达到最优值的 70% 时可称为"世界一流"。长江、密西西比河、莱茵河内河航运对 GDP 的船员人均完成货运量及其特征值见表 7-14。

船员人均完成货运量特征值 表 7-14

特征指标	长江	密西西比河	莱茵河	特征值
船员数量(万人)	11.0	0.978	—	—
货运量(亿吨)	18.0	4.5	—	—
船员人均完成货运量(吨 / 人)	16363	46012	—	32000

注:莱茵河暂无相关统计数据。

10)法律法规综合指数

判断法律法规是否完善的工作较为复杂,目前也尚未有一个较为权威的指标用于衡量一个行业法律法规完善程度。因此,拟定了法律法规综合指数这个指标,用于量化各河流内河航运法律法规完善程度。根据内河航运业法律法规实际情况,认为法律法规综合指数主要应从以下方面进行评价:是否具有航运业的龙头法,航运各基本要素包括航道、港口、船舶及船员等是否有相应立法,法律法规层次权威程度如何,相关的法律法规是否较为完善且良好衔接。

密西西比河、莱茵河在航运发展过程中高度重视立法，建立了较为完善配套的水运法律法规体系，从资金、政策、技术等方面助推内河水运发展均有不同程度的立法保障。而长江航运在立法上仍相对滞后，《航道法》尚未出台，《航运法》《水资源综合利用法》仍处缺位状态，长江航运还未建立起较为权威、系统的法律体系，而且由于长江航运管理部门较多，存在各管理部门依据的法律法规不衔接、标准不一致的问题。根据上述分析，由专家进行打分，并按照指标等权的原则进行加权计算，见表7-15。

法律法规综合指数特征值　　表7-15

项　　目	长江	密西西比河	莱茵河
1. 是否具有航运龙头法(1/4)	7.5	24.8	24.6
2. 航道、港口、船舶及船员等方面是否有立法(1/4)	20.5	23.2	23.5
3. 法律法规的权威程度(1/4)	17.6	24.5	24.9
4. 相关的法律法规是否较为完善且良好衔接(1/4)	19.6	24.6	24.7
综合得分	65.2	97.1	97.7

注：上述指标括号内为权重，按总分为100分进行评价。

结果显示，目前长江航运行业法律法规综合指数为65.2，而密西西比河、莱茵河航运的法律法规综合指数均在97以上。“世界一流”内河航运要求其法律法规要较为完善，即理想状态下法律法规综合指数能达到100。法律法规综合指数属相对、综合、正向指标，理想的最优值为100%。经过一轮德尔菲法确定了一定的下浮区间作为“一流”的范围，见图7-10。

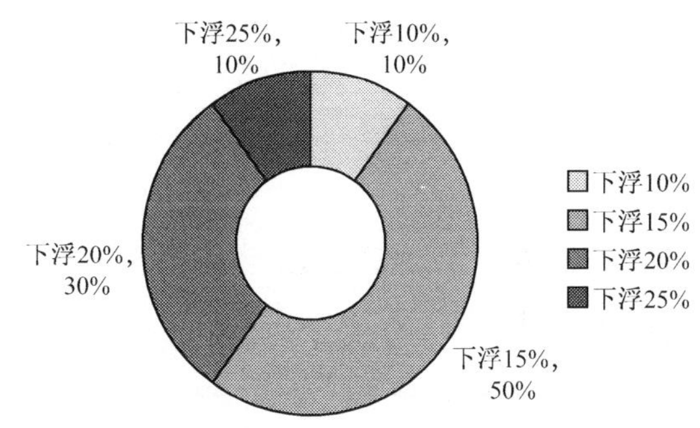

图7-10　法律法规综合指数“一流”区间专家意见结果

由图7-10可知，50%的专家认为在航运企业信用度最优值的基础上下浮15%，即达到最优值的85%时可称为“世界一流”。长江、密西西比河、莱茵河法律法规综合指数及其特征值见表7-16。

法律法规综合指数特征值　　表7-16

特征指标	长江	密西西比河	莱茵河	理想状态	特征值
法律法规综合指数	65.2	97.1	97.7	100	85

11)信息化发展指数

信息化发展指数是综合评价和监测区域信息化发展水平和发展进程的重要量化指标。欧美国家信息化水平普遍较高，其内河航运信息服务系统应用，一定程度代表了当今世界内河航运信息化发展的先进水平。采用美国、德国（莱茵河流经最长的国家）的信息化发展指数作为衡量密西西比河、莱茵河的信息化发展水平指标，根据我国统计局统计科研所发布了《2012 年中国信息化发展指数（Ⅱ）国际比较研究》，其信息化发展指数分别为 1.176、1.136。长江沿江地区信息化平均发展指数与全国平均水平相当，因此，以全国信息化发展指数作为衡量长江航运信息化发展水平指标，即长江航运信息化发展指数为 0.707，在信息化程度上，与欧美发达国家还存在较大差距。

信息化发展指数属相对、综合、正向指标。根据上述指标特征值的确定思路，直接引用《2012 年中国信息化发展指数（Ⅱ）国际比较研究》的相关研究数据。即现有最优值为美国的信息化发展指数，达到 1.176。经过一轮德尔菲法确定了一定的下浮区间作为“一流”的范围，见图 7-11。

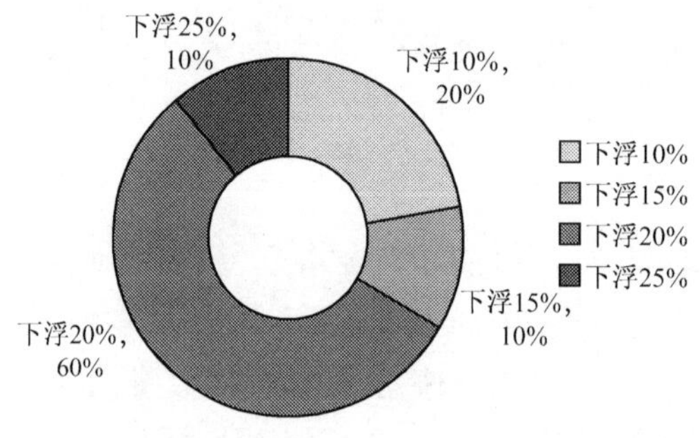

图 7-11 信息化发展指数“一流”区间专家意见结果

由图 7-11 可见，60% 的专家认为在信息化发展指数最优值的基础上下浮 20%，即达到最优值的 80% 时可称为“世界一流”。长江、密西西比河、莱茵河信息化发展指数及其特征值见表 7-17。

信息化发展指数特征值 表 7-17

特征指标	长江	密西西比河	莱茵河	特征值
信息化发展指数	0.707	1.176	1.136	0.950

12）船员综合素质

综合素质是指一个人的知识水平、道德修养及各种能力等方面的综合素养。船员的综合素质主要包括：科学文化素质，表现为接受科学文化教育的程度；专业技术素质，为了从事某项工作所必须具备的专业技术能力；道德素质，表现为守法意识和公德意识两个层面；身心素质，包括身体健康情况及心理健康水平等。根据船员综合素质内涵及特征，认为船员综合素质主要从以下方面进行评价：船员文化水平、船员培训效果及船员的社会保障等。

欧美内河航运管理部门十分重视对船员的管理和培训，内河船员素质普遍较高，而且社会保障体系较为健全。美国的船员评估、考试和发证工作由美国海岸警卫队 (USCG) 行使，设有国家海事中心 (National Maritime Center) 和 17 个地区考试中心，下有 225 家认可的船员培训机构，经美国海岸警卫队批准的培训课程共计 1500 多门；莱茵河上的船员除接受莱茵河中央委员会的相关培训外，还接受本国航运管理部门组织的培训，如德国每隔五年进行一次再教育。相比而言，长江船员综合素质较低，高中及以上学历的仅占船员总数的 27%；对船员的培训不够系统，培训效果也十分有限；而且内河船员的社会地位和社会保障方面处于相对弱势。根据上述分析，由专家进行打分，并按照指标等权的原则进行加权计算，见表 7-18。

船员综合素质特征值 表 7-18

项　目	长江	密西西比河	莱茵河
1. 船员文化水平（1/3）	16.5	30.6	24.6
2. 船员培训效果（1/3）	20.6	29.2	31.2
3. 船员社会保障（1/3）	22.2	30.5	31.3
综合得分	59.3	90.3	87.1

注：上述指标括号内为权重，按总分为 100 分进行评价。

结果显示，目前长江船员综合素质评分为 59.3 分，而密西西比河、莱茵河船员综合素质分别达到 90.3 分和 87.1 分。“世界一流”内河航运要求其从业人员素质普遍较高，理想状态下为 100 分。船员综合素质属相对、综合、正向指标，理想的最优值为 100 分。经过两轮德尔菲法确定了一定的下浮区间作为“一流”的范围，见图 7-12。

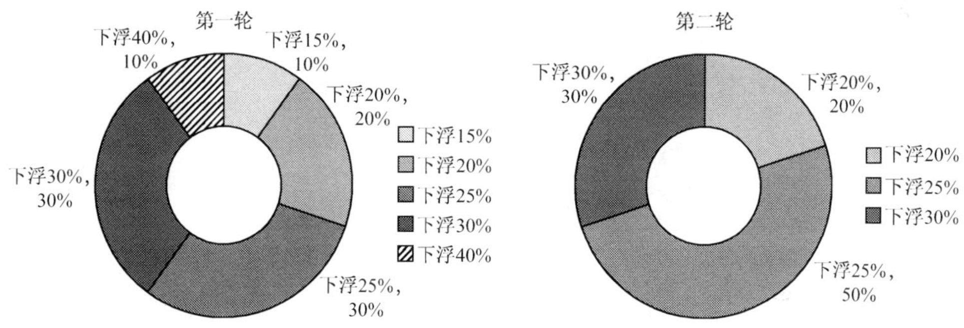

图 7-12　船员综合素质“一流”区间专家意见结果

由图 7-12 可见，50% 的专家认为在船员综合素质最优值的基础上下浮 25%，即达到最优值的 75% 时可称为“世界一流”。长江、密西西比河、莱茵河船员综合素质及其特征值见表 7-19。

船员综合素质特征值 表 7-19

特征指标	长江	密西西比河	莱茵河	理想状态	特征值
船员综合素质定量	59.3	90.3	87.1	100	75

13）社会物流总费用占 GDP 比重

社会物流总费用占 GDP 比重，是国际上比较公认的衡量一个国家或地区物流业的发展水平与运作效率的标准。该指标不是内河航运发展的特有指标，但是却一定程度上反映内河航运与其他运输方式的衔接和协调情况。一般来说，社会物流总费用占 GDP 比重越低，则表明各种运输方式越协调，衔接越高效。以美国、德国、长江沿江部分省市的相关数据作为密西西比河、莱茵河、长江的指标值进行分析。欧美发达国家强调协同发展理念，各种运输方式有机衔接，运作高效，社会物流总费用占 GDP 比重较低，其中美国为 8% ～ 9%，德国约为8%。相对而言，长江航运该项指标相对较高，其中江苏、江西及四川三省份分别为15.4%、19.2%和19.1%，预计长江沿江地区社会物流总费用占GDP比重在18%左右，约为发达国家的2倍，主要是由于目前长江沿江地区各种运输方式之间并不完全匹配，衔接不够顺畅，多式联运发展相对缓慢。

社会物流总费用占GDP比重属相对、单项、逆向指标，现有最优值为8%。经过一轮德尔菲法确定了一定的上浮区间作为"一流"的范围，见图7-13。

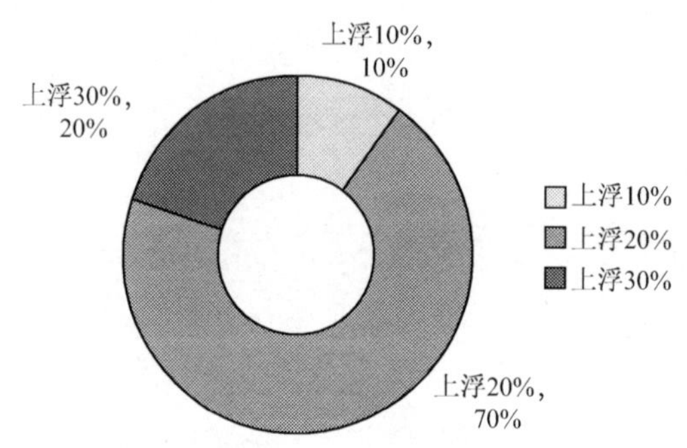

图7-13 社会物流总费用占GDP比重"一流"区间专家意见结果

由图7-13可知，70%的专家认为在社会物流总费用占GDP比重最优值的基础上浮20%，即达到最优值80%时可称为"世界一流"。长江、密西西比河、莱茵河社会物流总费用占GDP比重及其特征值见表7-20。

社会物流总费用占GDP比重特征值 表7-20

特征指标	长江	密西西比河	莱茵河	特征值
社会物流总费用占GDP比重	18%	8%～9%	8%	9.5%

14）水系千吨级航道比重

水系千吨级航道比重是反映水系航道基础设施结构的重要指标，更重要的是反映航道干支的畅通性。密西西比河、莱茵河水系网络化程度很高，通过运河与其他水系连接，构成干支衔接、通江达海的航道网。密西西比河水系通航总里程19875公里，其中水深在2.74米以上，可通过千吨级驳船组成的船队的航道9861公里，占50%。莱茵河水系航道通航总里程约20000公里，水系航道以欧洲4级航道（1500吨级）为主，水深2.5米以上，荷兰、比利时、德国和法国四国1000吨级以上航道占内河航道里程40%以上，其中以德最高，达70%以上。长江水系航道总里程64122公里，但Ⅲ级（1000吨级）及以上航道不到10%。从航道资源上看，长江水系航道总里程长度远远超过密西西比河与莱茵河，规模优势明显，但在干支通达性方面，密西西比河与莱茵河干支流航道等级相差不大且基本都是高等级航道，而长江水系高等级航道则主要集中在干线，支流航道里程数庞大，等级和通过能力与干线差距较大，影响了水系整体通道效能的发挥。

水系千吨级航道比重属相对、单项、正向指标，现有最优值为50%。经过两轮德尔菲法确定了一定的下浮区间作为"一流"的范围，见图7-14。

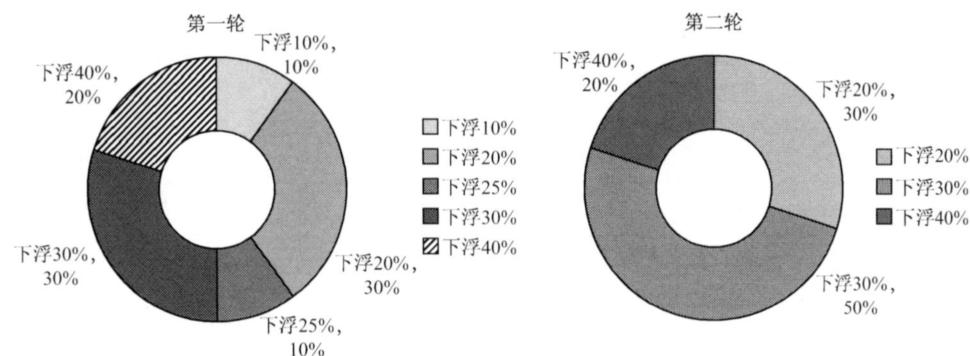

图 7-14　水系千吨级航道比重“一流”区间专家意见结果

由图 7-14 可见，50% 的专家认为在水系千吨级航道比重最优值的基础下浮 30%，即达到最优值的 70% 时可称为“世界一流”。长江、密西西比河、莱茵河水系千吨级航道比重及其特征值见表 7-21。

水系千吨级航道比重特征值　　表 7-21

特征指标	长江	密西西比河	莱茵河	特征值
水系航道里程(公里)	64122	19875	2000	—
千吨级以上航道比重(%)	10<	50	>40	35

15）船舶标准化率

船舶标准化率即标准化船舶占运输船舶总量的比重，用于反映船舶结构和技术水平。20 世纪中期，欧洲莱茵河基本实现船舶标准化，随后美国密西西比河船舶也实现标准化。相关信息显示，目前欧洲许多国家，如德国等在新建船舶时全部采用国际船舶新标准，此标准属强制门槛，如果船未达标，欧洲的码头就不允许停靠。因此，可以认为密西西比河、莱茵河的船舶标准化率为 100%。目前长江航运船舶标准化程度较低，即使在船型标准化程度较高的重庆市，其船舶标准化率也仅有 37%，因此，认为目前长江干线船舶标准化率低于 37%。

船舶标准化率属相对、单项、正向指标，现有最优值为 100%。经过一轮德尔菲法确定了一定的下浮区间作为“一流”的范围，见图 7-15。

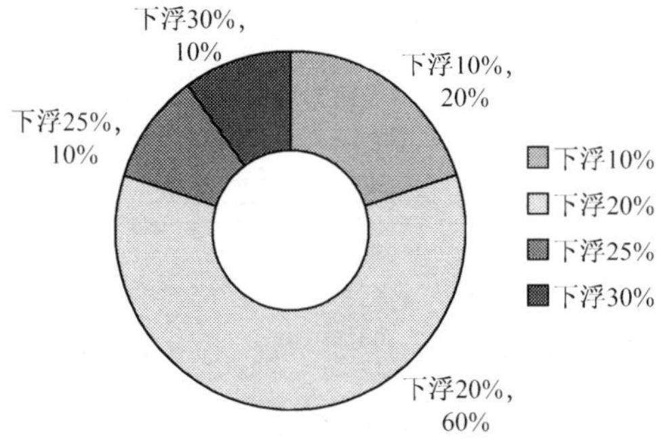

图 7-15　船舶标准化率“一流”区间专家意见结果

由图 7-15 可知，60% 的专家认为在船舶标准化率最优值的基础下浮 20%，即达到最优值的 80% 时可称为“世界一流”。长江、密西西比河、莱茵河船舶标准化率及其特征值见表 7-22。

船舶标准化率特征值 表 7-22

特征指标	长江	密西西比河	莱茵河	特征值
船舶标准化率(%)	37<	100	100	80

16)百万吨货运量死亡率

百万吨货运量死亡率是一个周期内(通常指一年)内河水上交通事故所导致的死亡人数与内河航运完成货运量的比率，用于反映内河航运安全状况和应急、救助等水平。欧美发达国家强调利用法律和技术手段保障内河航运业的健康发展，均已形成了一套专门的法律体系和应急救援机制，并拥有先进的现代化监控系统。美国内河航运事故一直维持在较低的水平，近年来美国水运死亡人数一直维持在 50 ～ 70 人左右，2011 年降低至 28 人，而密西西比河航运死亡人数在 10 人以内，则百万吨货运量死亡率约为 2.2。2012 年长江干线死亡失踪人数 78 人，百万吨货运量死亡人数为 4.3，约为密西西比河的 1 倍。

百万吨货运量死亡率属相对、单项、逆向指标，目前的最优值为密西西比河的 2.2。经过一轮德尔菲法确定了一定的上浮区间作为“一流”的范围，见图 7-16。

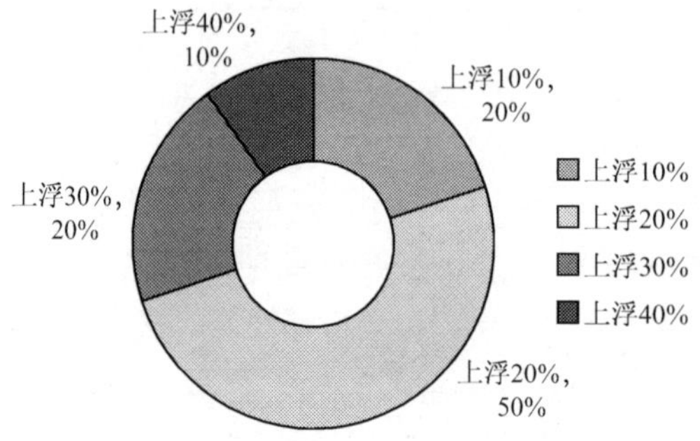

图 7-16 百万吨货运量死亡率“一流”区间专家意见结果

由图 7-16 可知，50% 的专家认为在百万吨货运量死亡率最优值的基础上浮 20%，即达到最优值的 80% 时可称为“世界一流”。长江、密西西比河、莱茵河百万吨货运量死亡率及其特征值见表 7-23。

百万吨货运量死亡率特征值 表 7-23

特征指标	长江	密西西比河	莱茵河	特征值
百万吨货运量死亡率	4.3	2.2	—	2.6

注：莱茵河暂无相关统计数据。

17)CO_2 排放量占区域综合运输排放总量比重

CO_2 排放量占区域综合运输排放总量比重即内河航运的 CO_2 排放量与沿江地区综合运输 CO_2 排放量的比值，是评价内河航运业环保意识、环保行为和能源消耗情况的指标，一定程度上反映内河航运业的可持续发展能力、行业能源消耗、行业主管部门和企业在环保技术应用和环保投入。欧美发达国家普遍具有超前环保意识，具有严格完备的法律体制，而且政府对节能减排工作提出针对性、指向性很强的政策建议，港航企业十分重视节能减排。由于目前尚没有关于具体河流的污染物的排放统计，但无论是密西西比河或是长江航运都是其国内水运的重要组成部分，因此，采用国家水运业的相关排放指标进行分析。就美国而言，其水运在综合运输方式中的污染排放量相对较少，2011 年水运的 CO_2 排放量 4770 万吨，占综合运输排放总量的 2.7%。我国水运业 CO_2 排放量主要根据行业能耗状况进行测算，近年来水运业 CO_2 排放量占综合运输比重约在 9% 左右，与美国存在较大差距，内河水运低碳环保优势尚未充分发挥。

CO_2 排放量占区域综合运输排放总量比重属相对、单项、逆向指标，目前的最优值为 2.7。经过一轮德尔菲法确定了一定的上浮区间作为“一流”的范围，见图 7-17。

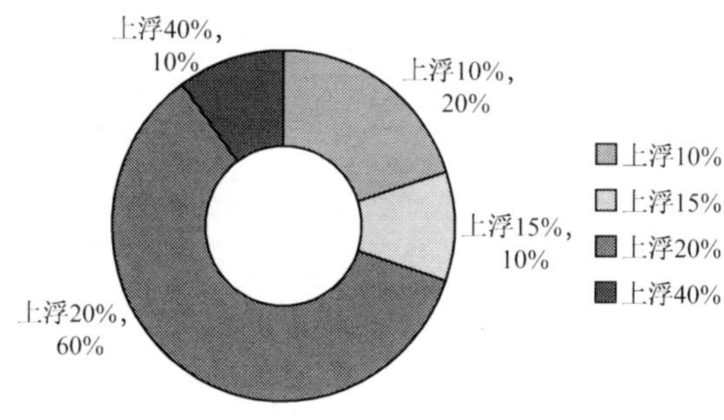

图 7-17　CO_2 排放量占区域综合运输排放总量比重“一流”区间专家意见结果

由图 7-17 可见，60% 的专家认为在 CO_2 排放量占区域综合运输排放总量比重最优值的基础上浮 20%，即达到最优值的 80% 时可称为“世界一流”。长江、密西西比河、莱茵河 CO_2 排放量占区域综合运输排放总量比重及其特征值见表 7-24。

CO_2 排放量占区域综合运输排放总量比重特征值　　表 7-24

特征指标	长江	密西西比河	莱茵河	特征值
CO_2 排放量占区域综合运输排放总量比重（%）	9	2.7	—	3.3

注：莱茵河暂无相关统计数据。

7.3 对标分析

7.3.1 指标对标

指标对标，即将长江航运发展实际状况与“世界一流”内河航运主要衡量指标的特征值进行比对，旨在较为直观地判断长江航运在相关方面是否达到“世界一流”的标准水平。若达到，则以 100% 表示；若未达到，则计算其实现程度。长江航运实现“世界一流”的程度见表 7-25。

长江航运实现“世界一流”程度

表 7-25

序号	特征指标	“世界一流”特征值	长江航运发展情况	长江航运实现“世界一流”程度
1	河流长度(公里)	2000	6380	100%
2	干流千吨级航道里程比重(%)	90	98.9	100%
3	货运量(亿吨)	3.0	18.0	100%
4	航道货流密度(万吨/公里)	45.0	63.4	100%
5	每延米岸线货物吞吐量(吨)	1100	954	87%
6	航运企业信用度(%)	90	60.8	68%
7	内河航运对 GDP 直接贡献率(%)	0.18	0.23	100%
8	吨船产量(吨公里)	15000	7744	52%
9	船员人均完成货运量(吨/人)	32000	16363	51%
10	法律法规综合指数	85	65.2	77%
11	信息化发展指数	0.950	0.707	74%
12	船员综合素质(定量化)	75	59.3	79%
13	社会物流总费用占 GDP 比重(%)	9.5	18	53%
14	水系千吨级航道比重(%)	35	10<	30%
15	船舶标准化率(%)	80	37<	46%
16	百万吨货运量死亡率(%)	2.6	4.3	60%
17	CO_2 排放量占区域综合运输排放总量比重(%)	3.3	9.0	36%

由表 7-25 可以看出，与“世界一流”内河航运的标准比，长江航运已具备一流的基础条件，其主要反映指标河流长度、干流千吨级航道里程比重均达到一流水平；行业运输规模较大，但尚不具备一流的运输服务条件，尤其在水运市场服务上仍存在一定差距；行业总体效益较为显著，但人均劳动生产率不高；发展环境尤其是法制环境仍有待进一步改善，行业信息化水平、人员综合素质不高，发展后劲缺乏；航运与其他运输方式衔接不够顺畅，航运要素结构不够协调，尚不能完全满足沿江社会经济发展需求；水上交通安全及环保压力较大，与安全发展、科学发展的要求存在一定差距。总体而言，长江航运在总量和规模上已达到世界一流水平，甚至处世界领先地位，称得上是“航运大河”，但在航运要素结构、发展质量、发展动力和发展环境等方面与美国密西西比河、欧洲莱茵河还存在不小差距，尚未达到“世界一流”内河航运的特征标准。

7.3.2 综合评价

指标对标主要是基于内河航运发展的单个方面对长江航运与“世界一流”内河航运进行对比；综合评价则是通过赋予每个指标一个权重，综合考虑所有指标，评价长江航运是否达到“世界一流”的标准或是实现“世界一流”的程度。采用相关数据分析方法来确定各指标权重，在此基础上运用模糊综合评判得出定量分析结论。

1）评价指标权重的确定

确定指标权重的方法主要分为主观定权法和客观定权法，采用德尔菲法与层次分析法相结合来确定内河航运系统综合评价指标权重。邀请业内专家、学者及工作人员评价各层指标的相对重要性，并给予 1 ～ 9 分的评价结果，形成比较矩阵。将比较矩阵归一化后，对判断矩阵进行一致性检验，得出同一层次上各个评价指标的相对权重。层次分析法中比较常用的 1-9 阶评价尺度标度见表 7-26。

1-9 阶评价尺度标度 表 7-26

评价描述	极端重要	很重要	明显重要	稍微重要	重要性相同
评分	9	7	5	3	1

打分时出现各指标评分的中间值，所代表的重要程度也介于两者之间。指标 j 相对指标 i 的评分值是指标 i 相对指标 j 的倒数。专家用上述 1-9 标度及其倒数作为矩阵中元素 R_{ij} 的值，给出初始两两比较矩阵 $R_{n\times n}$，如下式所示。

$$R=\begin{pmatrix} 1 & a_{12} & \cdots & a_{1n} \\ a_{21} & 1 & \cdots & a_{2n} \\ \vdots & \vdots & \vdots & \\ a_{n1} & a_{n2} & \cdots & 1 \end{pmatrix} \tag{7-1}$$

式中：

$$a_{ij}=\frac{1}{a_{ji}}\cdots a_{ij}>0\text{。}$$

计算各层次指标权重，将判断矩阵每行所有元素的均方根作为该指标权重，其公式如下：

$$C_{ij}=\sqrt[n]{\prod_{j=1}^{n}\alpha_{ij}} \qquad (i=1,2,\ldots,n) \tag{7-2}$$

通常情况下，比较矩阵不是一致矩阵，n 阶一致矩阵的特征根是 n，n 阶比较矩阵的特征根 $\lambda\geqslant n$（λ 为两两比较矩阵的最大特征根），而当 $\lambda=n$ 时矩阵为一致矩阵，由于 λ 依赖于 a_{ij}，可得 λ 比 n 大得越多，矩阵的不一致性越严重，Saaty 用 $\lambda-n$ 的数值来表示不一致程度，公式如下：

$$CI=\frac{\lambda-n}{n-1} \tag{7-3}$$

以随机一致性指标 RI 来确定矩阵不一致的允许范围，RI 的数值，见表 7-27。

随机一致性指标 RI 的数值 表 7-27

n	1	2	3	4	5	6	7	8	9	10	11
RI	0.00	0.00	0.58	0.90	1.12	1.24	1.32	1.41	1.45	1.49	1.51

当 $CR=\frac{CI}{RI}<0.1$ 时，矩阵的不一致程度在可接受的范围，对于不可接受的矩阵，专家应进行重新修改。然后利用式（7-4）、式（7-5）对初始矩阵进行归一化处理，得到评价指标的相对权重。

$$C_{ij}=\frac{a_{ij}}{\sum_{i=1}^{n}a_{ij}} \tag{7-4}$$

$$W_i=\frac{\sum_{j=1}^{n}C_{ij}}{n} \tag{7-5}$$

最后，汇总专家对指标间相对权重评判的结果，用 W_{ij} 表示第 i 个专家给出的第 j 个指标的权重，则第 j 个指标权重的判断平均值 W_j，由公式(7-6)得：

$$W_j=\frac{\sum_{j=1}^{n}W_{ij}}{n} \tag{7-6}$$

σ_j 是 W_{ij} 的标准方差，由式(7-7)求：

$$\sigma_j^2=\frac{1}{n-1}\sum_{i=1}^{n}(W_{ij}-W_j)^2 \tag{7-7}$$

假定所有专家的判断值服从正态分布 $N(V_j,\sigma_j^2)$，应用最小二乘法检验此假定是否成立，选取各位专家给出权重的平均值作为各指标的相对权重。在请 10 位专家分别比较各层次指标重要性的基础上，对各位专家给出的各层次指标权重判断值进行处理，最后，提取各位专家给出权重的平均值作为各项指标的相对权重，见表 7-28。

专家对第一层指标相对权重的判断 表 7-28

专家	CR1	CR2	CR3	CR4	CR5	CR6	合计
专家 1	0.124	0.200	0.172	0.179	0.165	0.160	1.000
专家 2	0.130	0.193	0.161	0.190	0.155	0.171	1.000
专家 3	0.133	0.197	0.167	0.186	0.151	0.166	1.000
专家 4	0.126	0.206	0.173	0.180	0.147	0.168	1.000
专家 5	0.132	0.197	0.167	0.185	0.162	0.157	1.000
专家 6	0.129	0.207	0.171	0.177	0.158	0.158	1.000
专家 7	0.134	0.206	0.170	0.181	0.157	0.152	1.000
专家 8	0.122	0.204	0.171	0.183	0.155	0.165	1.000
专家 9	0.128	0.202	0.169	0.180	0.163	0.158	1.000
专家 10	0.123	0.205	0.173	0.179	0.157	0.163	1.000
均值	0.128	0.202	0.169	0.182	0.157	0.162	1.000

利用相同方法确定第二层指标权重，合并后的最终评价指标权重结果见表 7-29。

“世界一流”内河航运特征指标权重　　表 7-29

一级指标		二级指标		三级指标	
指标	权重	指标	权重	指标	权重
基础条件 A	0.128	自然条件 A1	0.359	河流长度 A11	1
		运输能力 A2	0.641	干流千吨级航道里程比重 A21	1
运输服务 B	0.202	运输质量 B1	0.586	货运量 B11	0.322
				航道货流密度 B12	0.305
				港口每百米岸线货物吞吐量 B13	0.373
		市场规范 B2	0.414	航运企业信用度 B21	1
生产效益 C	0.169	生产效益 C1	1	内河航运直接 GDP 贡献率 C11	0.356
				吨船产量 C12	0.302
				船员人均完成货运量 C13	0.342
行业发展动力 D	0.182	发展环境 D1	0.422	法律法规综合指数 D11	1
		内在动力 D2	0.578	信息化发展指数 D21	0.588
				船员综合素质 D22	0.412
与社会经济发展的协调性 E	0.157	系统协调 E1	1	社会物流总费用占 GDP 比重 E11	0.366
				水系千吨级航道比重 E12	0.305
				船舶标准化率 E13	0.329
对可持续发展要求的符合性 F	0.162	安全发展 F1	0.531	百万吨货运量死亡率 F11	1
		绿色低碳 F2	0.469	CO_2 排放量占区域综合运输排放量比重 F21	1

2）“世界一流”评价指标体系下的长江航运发展水平综合评价

根据表 7-25 中长江航运实现“世界一流”程度值及表 7-29 中各指标权重，采用多层次综合评价模型进行加权计算，即得出目前长江航运的综合评价值。综合评价值等于每一项指标的权重乘以其标准分值的总和，得到长江航运发展水平综合评价值。

$$F(x)=\sum_{i=1}^{n}W_i d_i \tag{7-8}$$

其中，W_i 为指标权重，d_i 是每个指标的标准分值。

经过计算，在“世界一流”评价指标体系下的长江航运发展水平综合评价值为 0.711，具体详见表 7-30。

由表 7-30 可以看出，目前长江航运实现“世界一流”的程度在 70% 左右，而通过测算，美国密西西比河、欧洲莱茵河的实现程度均在 90% 以上，即长江航运综合发展水平正在接近“世界一流”状态。

长江航运发展水平综合评价值计算结果

表 7-30

特征指标	特征值权重	长江航运特征值(%)	指标分值
河流干流长度(公里)	0.046	100	0.046
干流千吨级航道里程比重(%)	0.082	100	0.082
货运量(亿吨)	0.038	100	0.038
航道货流密度(万吨 / 公里)	0.036	100	0.036
每延米岸线货物吞吐量(吨)	0.044	87	0.038
航运企业信用度(%)	0.084	68	0.057
内河航运对 GDP 直接贡献率(%)	0.060	100	0.060
吨船产量(吨公里)	0.051	52	0.027
船员人均完成货运量(吨 / 人)	0.058	52	0.030
法律法规综合指数	0.077	77	0.059
信息化发展指数	0.062	74	0.046
船员综合素质(定量化)	0.043	79	0.034
社会物流总费用占 GDP 比重(%)	0.057	53	0.030
水系千吨级航道比重(%)	0.048	30	0.014
船舶标准化率(%)	0.052	46	0.024
百万吨货运量死亡率(%)	0.086	60	0.052
CO_2 排放量占区域综合运输排放总量比重(%)	0.076	36	0.027
综合分值	1.000		0.711

参 考 文 献

[1] 孙振清 . 循环经济指标体系研究——生态累计分析的理论与案例 [M]. 北京：中国环境科学出版社，2011.

[2] 李昕 . 经济外部失衡指标体系构建研究 [M]. 北京：中国统计出版社，2016.

[3] 高培勇 . 中国公共财政建设指标体系研究 [M]. 北京：社会科学文献出版社，2012.

[4] 宋则，等 . 流通产业发展评价指标体系研究 [M]. 北京：中国商业出版社，2014.

[5] 王金国 . 水电可持续发展评价指标体系研究 [M]. 成都：西南交通大学出版社，2011.

[6] 耿雷华，等 . 水资源合理配置评价指标体系研究 [M]. 北京：中国环境科学出版社，2008.

[7] 谭玉顺 . 综合交通运输与经济协调发展的若干问题研究 [D]. 南京：东南大学，2015.

[8] 王造，等 . 长江航运现代化指标体系构建 [J]. 水运管理 .2010，32（4）：12-15.

[9] 苏凡 . 长江干线航运发展与流域经济适应性评价研究 [D]. 武汉：武汉理工大学，2013.

[10] 田少波 . 现代交通业发展的理论与实证研究 [D]. 武汉：武汉理工大学，2010.

[11] 刘先成 . 我国航运业低碳绿色发展研究 [D]. 大连：大连海事大学，2012.

[12] 张利民 . 水运工程施工企业信用评价体系研究 [D]. 重庆：重庆交通大学，2015.

[13] 刘文娜 . 基于组合评价的重庆水运可持续发展研究 [D]. 成都：成都理工大学，2012.

[14] 赵栩男 . 后经济危机时代航运企业发展方向研究 [D]. 天津：天津大学，2011.

[15] 栾金昶 . 城市经济社会发展评价体系研究 [D]. 大连：大连理工大学，2009.

[16] 于露，段学军 . 长江沿江地区发展态势评估与分类 [J]. 长江流域资源与环境 .2011，20（7）：848-845.

[17] 唐克旺 . 水生态文明的内涵及评价体系探讨 [J]. 水资源保护 .2013，29（4）：1-4.

[18] 方国华，等 . 水利工程管理现代化评价指标体系的构建 [J]. 水利水电科技进展 .2013，33（3）：39-44.

[19] 张颖，等 . 水库型水源地系统脆弱性评价研究 [J]. 水资源与水工程学报 .2013，24（1）：5-9.

[20] 杨山，等 . 江苏省海洋功能区划实施评价指标体系与方法 [J]. 长江流域资源与环境 2011，20（10）：1164-1171.

[21] 我国交通运输对标国际研究课题组 . 我国交通运输对标国际研究 [M]. 北京：人民交通出版社股份有限公司，2016.